高等职业教育"十一五"规划教材

高职高专计算机网络系列教材

计算机网络基础与实训

（第二版）

方风波　钱　亮　主编

王巧莲　　耿　杰　雷　勇　　副主编
　　　　　王金兰　谢　娟

科学出版社

北　京

内 容 简 介

本书是《计算机网络基础与实训》第二版。全书共分 8 章：第 1 章主要介绍计算机网络的概念和发展；第 2 章介绍数据通信基础；第 3 章介绍计算机网络的体系结构和网络协议；第 4 章对局域网及介质访问技术进行了讲解；第 5 章介绍了常用的网络操作系统和 Windows Server 2003 的基本应用；第 6～8 章介绍了广域网的接入技术、Internet 的应用和计算机网络安全管理。

本书既注重计算机网络基础理论的讲解，又注重实践和应用，每章都附有针对性的实训，实用性和可操作性强。本书不仅可以作为高职高专院校计算机及相关专业的教材，还可以作为广大网络管理人员及技术人员学习网络知识的参考书。

图书在版编目（CIP）数据

计算机网络基础与实训/方凤波，钱亮主编. —2 版. —北京：科学出版社，2012

（高等职业教育"十一五"规划教材·高职高专计算机网络系列教材）
ISBN 978-7-03-035365-8

Ⅰ. ①计… Ⅱ. ①方…②钱… Ⅲ. ①计算机网络-高等职业教育-教材
Ⅳ. ①TP393

中国版本图书馆 CIP 数据核字（2012）第 190485 号

责任编辑：孙露露 赵丽欣 / 责任校对：柏连海
责任印制：吕春珉 / 封面设计：耕者设计工作室
版面设计：奥晟博克科技有限公司

科学出版社 出版
北京东黄城根北街 16 号
邮政编码：100717
http://www.sciencep.com

北京市京宇印刷厂 印刷
科学出版社发行 各地新华书店经销
*

2012 年 8 月第 二 版   开本：787×1092 1/16
2016 年 11 月第十一次印刷 印张：13 1/4

定价：25.00 元

（如有印装质量问题，我社负责调换〈北京京宇〉）

销售部电话 010-62136131 编辑部电话 010-62135793-8220

本书编写人员

主　编　方风波　钱　亮

副主编　王巧莲　耿　杰　雷　勇

　　　　王金兰　谢　娟

参　编　王　倩　姚恺荣　潘　宁

　　　　崔增彦　康建萍

第二版前言

计算机网络是当今计算机科学与技术领域中发展最为迅速的学科之一，也是对当前社会和经济发展影响最大的技术领域之一。随着信息基础设施的不断完善和因特网、物联网技术的飞速发展，计算机网络技术已经并将继续深刻地改变人们的工作、学习和生活方式。如今，计算机网络已经成为信息存储、传播和共享的有力工具，成为人与人之间信息交流的最佳平台。网络技术已广泛用于办公自动化、企业管理与生产过程控制，以及金融与商业、军事、科研、教育、医疗卫生等领域。人们可以通过因特网进行网上购物、远程教育、远程医疗、电子商务，可以和地球上任意地方的人聊天交流，可以查找和搜索各种信息。计算机网络技术已不仅是计算机专业人员必须具备的本领，也是广大非计算机专业的读者，特别是青年学生应该了解和掌握的知识。

按照高职高专教育的培养目标，本书坚持以实用为基础、以够用为原则，针对高等职业院校学生的特点，在编写过程中力求避免过多的理论阐述，力求将理论知识和实际技能相结合。在体系结构上，不但突出实际应用，还跟踪计算机网络的最新发展，加入了一些新概念、新技术和新案例。同时，作为湖北省精品课程"计算机网络基础"的承担者和建设团队，希望给广大读者提供一本既能保持高职教学的技术性、实践性和应用性，又能反映当前网络技术发展与应用最新成果的教科书。

本书共分 8 章：第 1 章主要介绍计算机网络的概念和发展；第 2 章介绍数据通信基础；第 3 章介绍计算机网络的体系结构和网络协议；第 4 章对局域网及介质访问技术进行了解；第 5 章介绍了常用的网络操作系统和 Windows Server 2003 的基本应用；第 6～8 章介绍了广域网的接入技术、Internet 的应用和计算机网络安全管理。

本书是按照湖北省精品课程"计算机网路基础"的教学体系编写的，读者可到精品教材网站（http://www.jzit.net.cn/jpkj/）下载本书的相关教学辅助资料。另外，本书的电子课件也可到科学出版社网站（http://www.abook.cn）下载，或发邮件至主编邮箱（ffbm@163.com）索取。

本书第一版被遴选为高职"十一五"规划教材，此次在修订过程中对第一版的内容进行了大幅度的修改和完善，对相关内容按照读者提供的建议进行了补充和优化，也得到许多高职院校同行们的大力支持和帮助，在此，一并表示最诚挚的谢意！

本书由方风波、钱亮担任主编，王巧莲、耿杰、雷勇、王金兰、谢娟担任副主编，王倩、姚恺荣、潘宁、崔增彦、康建萍参编。由于计算机网络技术发展迅速，加之作者水平有限，书中难免有错误和不妥之处，欢迎各位读者指正。

编　者

2012 年 7 月 26 日

第一版前言

　　计算机网络是当今计算机科学与技术领域中发展最为迅速的学科之一，也是对当前社会和经济发展影响最大的领域之一。计算机网络是计算机技术与通信技术相互渗透、密切结合而形成的一门交叉学科。目前，网络技术已广泛用于办公自动化、企业管理与生产过程控制，以及金融与商业、军事、科研、教育、医疗卫生等领域。计算机网络正在改变着人们的工作方式，网络与通信技术已成为影响一个国家与地区经济、科学与文化发展的重要因素之一。我国信息产业的发展需要大量掌握计算机网络与通信技术的人才，因此计算机网络已经成为计算机专业学生学习的一门重要课程，也是从事计算机应用与信息技术的研究、应用人员应该掌握的重要技术之一。

　　计算机网络涉及计算机技术与通信技术两个学科。计算机网络技术经过发展，已经形成了自身比较完善的体系。本书是根据教育部关于高职高专教育的文件精神，结合我们多年来的教学改革与教学实践经验，联合其他高职高专院校中具有丰富教学经验的第一线教师而编写的。同时，作为"计算机网络基础"湖北省省级精品课程的承担者，希望给广大读者提供一本既能保持教学的系统性，又能反映当前网络技术发展与应用最新成果的教科书。

　　本书共分8章：第1章主要介绍计算机网络的概念和发展；第2章介绍数据通信基础；第3章介绍计算机网络的体系结构和网络协议；第4章对局域网及介质访问技术进行了解；第5章介绍了常用的网络操作系统和 Windows Server 2003 的基本应用；第6～8章介绍了广域网的接入技术、Internet 的应用和计算机网络安全管理。

　　本书既注重计算机网络基础理论的讲解又注重实践和应用，每章都有针对教学内容的实训项目，实用性和可操作性强。本书不仅可以作为高职高专院校计算机及相关专业的教材，还可以作为广大网络管理人员及技术人员学习网络知识的参考书。

　　本书是按照湖北省精品课程"计算机网路基础"的教学体系编写的，读者可到精品教材网站（http://www.jzit.net.cn/jpkj/）下载本书的大量教学资料。另外，本书的电子课件也可到科学出版社网站（http://www.abook.cn）下载，或发邮件至主编邮箱（ffbm@163.com）索取。

　　在编写本书过程中，我们得到了许多专家和同仁的大力支持，在此向他们表示最真挚的感谢！

　　由于计算机网络技术发展迅速，加之作者水平有限，书中难免有错误和不妥之处，欢迎各位读者指正。

目　　录

第 1 章

计算机网络概论

本章学习目标 ☞
- 了解计算机网络的发展与形成。
- 了解计算机网络的软、硬件组成。
- 了解网络的主要功能。
- 理解网络的定义。
- 理解资源子网与通信子网的概念。
- 重点掌握计算机网络按照拓扑结构的分类。

本章要点内容 ☞
- 计算机网络的形成与发展。
- 计算机网络的定义及功能。
- 计算机网络的组成。
- 计算机网络的分类。

本章学前要求 ☞
- 对计算机软、硬件有一定的了解。
- 具有计算机组装技能。

1.1　计算机网络的形成与发展

计算机网络是通信技术与计算机技术相结合的产物，它的诞生对人类社会的进步做出了巨大贡献，它的迅速发展适应了社会对资源共享和信息传递日益增长的要求。在当今的信息社会，网络技术已日益深入到国民经济各部门和社会生活的各个方面，成为人们日常生活工作中不可缺少的工具。

任何一种新技术的出现都必须具备两个条件：强烈的社会需求和先进技术的日益成熟。随着计算机技术的飞速发展和计算机的普及，计算机之间信息交换的需求也随之增长，因此，人们将计算机与通信相结合而产生计算机网络。一般来说，计算机网络的发展可分为以下三个阶段。

- 第一阶段（20世纪50年代）：以单个计算机为中心的远程联机系统，构成面向终端的计算机通信网。
- 第二阶段（20世纪60年代末）：多个自主功能的主机通过通信线路互连，形成资源共享的计算机网络。

- 第三阶段（20 世纪 70 年代末）：形成具有统一的网络体系结构，遵循国际标准化协议的计算机网络。

1. 面向终端的计算机通信网

1946 年世界上第一台电子计算机（ENIAC）在美国诞生时，计算机技术与通信技术并没有直接的联系。20 世纪 50 年代初，美国为了自身的安全，在美国本土北部和加拿大境内建立了一个半自动地面防空系统（SAGE），进行了计算机技术与通信技术相结合的尝试。

SAGE 中，在加拿大边境带设立的警戒雷达可将天空中的飞机目标的方位、距离和高度等信息通过雷达录取设备自动录取下来，并转换成二进制的数字信号；然后通过数据通信设备和通信线路将它传送到北美防空司令部的信息处理中心；由大型计算机进行集中的防空信息处理。这种将计算机与通信设备的结合使用在当时是一种创新，因此，SAGE 的诞生被誉为计算机通信发展史上的里程碑。

在 SAGE 的基础上，实现了将地理位置分散的多个终端通过通信线路连接到一台中心计算机上。用户可以在自己办公室内的终端键入程序，通过通信线路传送到中心计算机，分时访问和使用其资源进行信息处理，处理结果再通过通信线路回送到用户终端显示或打印。人们把这种以单个计算机为中心的联机系统称为面向终端的远程联机系统。该系统是计算机技术与通信技术相结合而形成的计算机网络的雏形，因此也称为面向终端的计算机通信网。

具有通信功能的单机系统的典型结构是计算机通过多重线路控制器与远程终端相连，如图 1-1 所示。

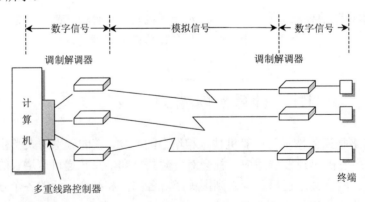

图 1-1 具有通信功能的单机系统

在该系统中，计算机（主机）负责数据的处理和通信管理；终端（包括显示器和键盘，无 CPU 和内存）只有输入/输出功能，没有数据处理功能；调制解调器进行计算机或终端的数字信号与电话线传输的模拟信号之间的转换；多重线路控制器的主要功能是完成串行（电话线路）和并行（计算机内部传输）传输的转换以及简单的差错控制。

2. 多个自主功能的主机通过通信线路互连的计算机网络

随着计算机应用的发展，出现了多台计算机互连的需求：将分布在不同地点的计算机通过通信线路互连成为计算机—计算机网络，使得网络用户不仅可以使用本地计算机的资源，也可以使用联网的其他计算机的软件、硬件与数据资源，以达到计算机资源共享的目的。20 世纪 60 年代在计算机通信网络的基础上，进行了网络体系结构与协议的研究，形成了计算机网络的基本概念，即"以能够相互共享资源为目的互连起来的具有独立功能的计算机之集合体"。这一阶段研究的典型代表是美国国防部高级研究计划局（Advanced Research Projects Agency，ARPA）的 ARPAnet。

ARPAnet 通过有线、无线与卫星通信线路，使网络覆盖了从美国本土到欧洲与夏威夷的广阔地域。ARPAnet 是计算机网络技术发展的一个重要里程碑，它对发展计算机网络技术的主要贡献表现在以下几方面。

1）完成了对计算机网络的定义、分类与子课题研究内容的描述。

2）提出了资源子网、通信子网的概念。

3）研究了报文分组交换的数据交换方法。

4）采用了层次结构的网络体系结构模型与协议体系。

这种以通信子网为中心的计算机互联网络的典型结构如图 1-2 所示。

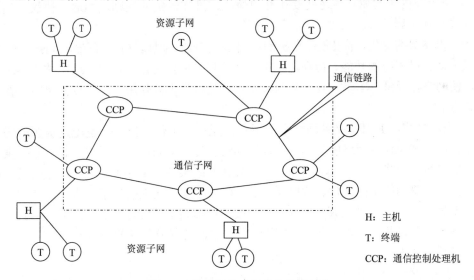

图 1-2　具有通信子网的计算机网络

3. OSI 的确定到因特网

随着网络技术的进步和各种网络产品的出现，亟需解决不同系统互连的问题。1977 年国际标准化组织 ISO 专门设立了一个委员会，提出了异种机构系统的标准框架，即开放系统互连参考模型（Open System Interconnection/Reference Model，OSI/RM）。

1983 年，TCP/IP 协议被批准为美国军方的网络传输协议。同年，ARPAnet 分化为 ARPAnet 和 MILnet 两个网络。1984 年，美国国家科学基金会决定将教育科研网 NSFNET 与 ARPAnet、MILnet 合并，运行 TCP/IP 协议，向世界范围扩展，并将此网命名为因特网。

20 世纪 80 年代，局域网的飞速发展使得计算模式发生了转变，即由原来的集中计算模式（以主机为主）发展为分布计算模式（多个计算机的独立平台）。

20 世纪 90 年代，计算机网络得以迅猛发展。1993 年，美国公布了国家信息基础设施 NII 发展计划，推动了国际范围内的网络发展的热潮。1993 年，万维网（WWW）首次在因特网上露面，立即引起轰动并大获成功。万维网的最大贡献在于使因特网真正成为交互式的网络。人们可以访问网站、编辑网站上的内容，甚至可以在网站上发表自己的意见。1993 年，浏览器/服务器（B/S）结构风靡全球。

1.2 计算机网络的基本概念

计算机网络是指通过通信线路和通信设备将地理位置不同的计算机互连起来，在网络系统软件和相应通信协议的支持和控制下，彼此互相通信并共享资源的计算机系统。

通常计算机网络的构成必须具备以下三个要素。

1）至少有两台具有独立操作系统的计算机，能相互共享某种资源。

2）两个独立体之间需通过通信设备或其他通信手段互相连接。

3）两个或更多的独立体之间要相互通信，需遵守一定的规则，如通信协议、信息交换方式和体系标准等。

计算机网络的诞生，不仅使计算机的作用范围超越了地理位置的限制，方便了用户，也增强了计算机本身的功能。特别是近年来计算机性能价格比的提高、通信技术的迅猛发展，使网络在经济、军事、教育等领域发挥着越来越大的作用。其特点主要体现在以下几个方面。

1）资源共享。其目的是使网络上的用户，无论处于什么位置、也无论资源的物理位置在哪里，都能使用网络中的程序、数据和设备等。例如在局域网中，服务器提供了大容量的硬盘，一些大型的应用软件只需安装在网络服务器上即可，用户工作站只需通过网络就可共享网络上的文件、数据等，从而降低了工作站在硬件配置方面的要求，甚至只用无盘工作站就可以完成数据的处理，极大地提高了系统资源的利用率。再如一些外围设备（如打印机、绘图仪等），人们只需将它们设置成共享的网络设备，各个工作站就可以共享该设备。

2）数据通信。数据通信是计算机网络的基本功能，可实现不同地理位置的计算机与终端、计算机与计算机之间的数据传输。具体来讲，就是将地理位置分散的生产部门、业务部门等通过计算机网络进行集中的控制和管理。目前流行的网络电话、视频会议、电子邮件等提供了快速的数字、语音、图形图像、视频等多种信息的传输，满足了信息社会的发展需要。

3）分布式处理。当某一计算中心任务很重时，可通过网络将要处理的任务分散到各个计算机上处理，发挥各计算机的优点，充分利用网络资源。

4）提高系统的可靠性。在工作过程中，一旦一台计算机出现故障，故障机就可由网络中的其他计算机来代替，避免了单机情况下，一旦计算机出现故障就会导致系统瘫痪，大大提高了工作的可靠性。

1.3　计算机网络系统的组成

从资源构成的角度讲，可以认为计算机网络是由硬件和软件组成的。从功能上讲，计算机网络在逻辑上可划分为资源子网和通信子网。

1.3.1　网络软件

在网络系统中，网络上的每个用户都可享用系统中的各种资源，所以，系统必须对用户进行控制，否则，就会造成系统混乱、信息数据的破坏和丢失。为了协调系统资源，系统需要通过软件工具对网络资源进行全面管理、合理调度和分配，并采取一系列安全措施，防止用户对数据和信息的不合理访问造成数据和信息的破坏与丢失。网络软件是实现网络功能不可缺少的软环境，通常包括以下几种。

1）网络协议和通信软件。通过网络协议和通信软件可实现网络工作站之间的通信。

2）网络操作系统。网络操作系统用以实现系统资源共享，管理用户的应用程序对不同资源的访问，这是最主要的网络软件。

3）网络管理及网络应用软件。网络管理软件是用来对网络资源进行监控管理并对网络进行维护的软件。网络应用软件是为网络用户提供服务，便于网络用户在网络上解决实际问题的软件。

网络软件最重要的特征是：网络软件所研究的重点不是在网络中所互连的各个独立的计算机本身的功能方面，而是在如何实现网络特有的功能方面。

1.3.2　网络硬件

网络硬件是计算机网络的基础，主要包括主机、终端、联网的外部设备、传输介质和通信设备等。网络硬件的组合形式决定了计算机网络的类型。

1. 主机

传统定义中的主机（host）是指网络系统的中心计算机（主计算机），可以是大型机、中型机、小型机、工作站或者微型机。现在提到的主机多指连入网络的计算机，例如，因特网将入网的计算机均称为主机。

2. 终端

终端（terminal）是用户访问网络的接口，包括显示器和键盘，其主要作用是实现信息的输入和输出。即把用户输入的信息转换为适合网络传输的信息，通过传输介质送给集中器、结点控制器或主机；或者把网络上其他结点通过传输介质传来的信息转换为用户能识别的信息，呈现在显示器上。

3. 传输介质

传输介质是网络中信息传输的物理通道。现在常用的网络传输介质可分为两类：有线的和无线的。有线传输介质主要有双绞线、同轴电缆和光纤等；无线传输介质主要有红外线、微波、无线电、激光和卫星信道等。

4. 常见联网设备

常见的联网设备有网卡（Network Interface Card，NIC）、调制解调器、中继器与集线器、网桥与交换机、路由器等。

1.3.3　资源子网与通信子网

计算机网络系统是由通信子网和资源子网两层构成的，通信子网面向通信控制和通信处理，资源子网则包括拥有资源的用户主机和请求资源的用户终端。

资源子网负责全网的数据处理业务，并向网络用户提供各种网络资源和网络服务。网络资源主要由主机、终端以及相应的 I/O 设备、各种软件资源和数据资源构成。主机可以是大型机、中型机、小型机、工作站或微型机，它通过高速线路与通信控制处理机相连。主机系统拥有各种终端用户要访问的资源，它负担着数据处理的任务。

通信子网由各种通信设备和线路组成，承担资源子网的数据传输、转接和变换等通信处理工作。不同类型的网络，其通信子网的物理组成各不相同。局域网最简单，它的通信子网由网卡、传输介质和联网设备组成（如集线器、路由器、交换机等）。在广域网中，通信子网由一些专用的通信控制处理机、集线器等设备和连接这些结点的通信链路组成，如图 1-2 所示。通信控制处理机（CCP）是一种处理通信控制功能的专用计算机，它主要具有以下三个功能。

1）网络接口功能：实现资源子网和通信子网的接口功能。

2）存储/转发功能：对进入网络传输的数据信息提供转接功能。

3）网络控制功能：为数据提供路径选择、流量控制等功能。

通信链路是用于传输信息的物理信道以及为达到有效、可靠的传输所必需的信道设备的总称。一般说来，通信子网中的链路属于高速线路，所用的信道类型可以是有线或无线信道。

1.4　计算机网络的分类

由于计算机网络的广泛使用，目前世界上已出现了多种形式的计算机网络。对网络的分类方法也很多。从不同角度观察网络、划分网络，有利于全面了解网络系统的各种特性。

1.4.1　按网络的拓扑结构分类

所谓"拓扑"就是把实体抽象成与其大小、形状无关的"点"，而把连接实体的线路抽象成"线"，进而以图的形式来表示这些点与线之间关系的方法，其目的在于研究这些点、线之间的相连关系。表示点和线之间关系的图被称为拓扑结构图。

类似地，在计算机网络中，我们把计算机、终端及通信处理机等设备抽象成点，把连接这些设备的通信线路抽象成线，并将这些点和线构成的物理结构称为网络拓扑结构。网络拓扑结构反映出网络的结构关系，它对于网络的性能、可靠性以及建设管理成本等都有着重要的影响，因此网络拓扑结构的设计在整个网络设计中占有十分重要的地位，在网络构建时，网络拓扑结构往往是首先要考虑的因素之一。

计算机网络中常见的拓扑结构有星型、总线型、环型、网状型和树型，如图1-3所示。

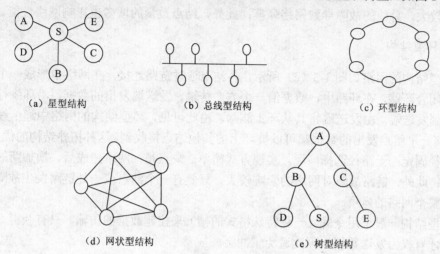

图1-3 网络拓扑结构示意图

1. 星型结构

星型结构是局域网中最常用的物理拓扑结构，它由一个功能较强的中心结点以及一些通过点到点链路连到中心结点的从结点组成。各个结点间不能直接通信，从结点间的通信必须经过中间结点。如图1-3（a）所示，例如A结点要向B结点发送信息，A结点先发给中心结点S，再由S发送给结点B。中心结点可以是服务器或专门的集线器设备（如集线器），负责信息的接收和发送。

星型结构网络的优点是：结构简单；易于建网和易于管理；每结点独占一条传输线路，消除了数据传送堵塞现象；便于在网络中增加新的结点；易于实现网络监控；某个结点与中心结点的链路故障不影响其他结点间的正常工作。缺点是：对中央结点要求很高，如果中央结点发生故障就会造成整个网络的瘫痪。

星型结构的网络可以进行扩展，扩展后的星型结构叫树型结构，如图1-3（e）所示。

2. 总线型结构

总线型结构网络如图1-3（b）所示，网络中的所有结点均连接到一条称为总线的公共线路上，即所有的结点共享同一条数据通道。结点间通过广播进行通信，即任何一个站点发送的数据都能通过总线传播，同时能被总线上的所有其他站点接收到，而在一段时间内只允许一个结点传送信息。可见，总线型拓扑结构的网络是一种广播网络。

总线型结构网络的优点是：连接形式简单，易于实现，组网灵活方便，所用的线缆最短，增加和撤销结点比较灵活，个别结点发生故障不影响网络中其他结点的正常工作。

缺点是：传输能力低，易发生"瓶颈"现象；总线型网络中所有设备共享总线这一条传输信道，因此存在信道争用问题，为了减少信道争用带来的冲突，在总线型拓扑结构中采用载波监听多路访问/冲突检测（CSMA/CD）协议；安全性低，链路故障对网络的影响较大，总线的故障导致网络瘫痪；此外，结点数量的增多也影响网络性能。

3. 环型结构

环型结构的网络如图 1-3（c）所示，各结点通过链路连接，在网络中形成一个首尾相接的闭合环路，在环路中，数据沿一个方向传输。发送端发出的数据，沿环绕行一周后，回到发送端，由发送端将其从环上删除。由此可见，环型结构的网络中通信线路共享，任何一个结点发出的数据都可以被环上的其他结点接收到。这种拓扑结构的优点是：传输路径固定，无路径选择问题，实现方式简单。缺点是：网络建成后，增加新的结点较困难；此外，链路故障对网络的影响较大，只要有一个结点或一处链路发生故障，就会造成整个网络的瘫痪。

环型结构一般采用令牌（一种特殊格式的帧）来控制数据的传输，只有获得令牌的计算机才有权力发送数据，因此避免了冲突。

4. 网状型结构

网状型结构的网络如图 1-3（d）所示，在网状型结构中，结点之间的连接是任意的，每个结点都有多条线路与其他结点相连，这样使得结点之间存在多条路径可选。

这种拓扑结构的优点是：可靠性好，结点的独立处理能力强，信息传输容量大。缺点是：结构复杂，管理难度大，投资费用高。

网状型结构是一种广域网常用的拓扑结构，因特网大多也采用这种结构。

1.4.2 按网络的管理方式分类

网络按照其管理方式可分为客户机/服务器网络和对等网络。

1. 客户机/服务器结构

在客户机/服务器网络中（简称 C/S 结构），有一台专为用户提供共享资源和服务功能的计算机或设备称为服务器，服务器运行服务器操作系统。其他与之相连的用户计算机通过向服务器发出请求可获得相关服务，这类计算机称为客户机。

C/S 结构是最常用、最重要的一种网络类型。在这种网络中，多台客户机可以共享服务器提供的各种资源，可以实现有效的用户安全管理及用户数据管理，网络的安全性容易得到保证，计算机的权限、优先级易于控制，监控容易实现，网络管理能够规范化。但由于绝大多数操作都需通过服务器来进行，因而存在工作效率低、客户机上的资源无法实现直接共享等缺点。

根据服务器所提供的服务，又可以将服务器分为文件服务器、打印服务器、应用服务器和通信服务器等。

（1）工作站/文件服务器模式

在工作站/文件服务器模式的计算机网络中，工作站对文件服务器的文件访问处理是将所需的文件整个下载到工作站上，处理结束后再上传到文件服务器。

（2）客户机/服务器模式

在客户机/服务器模式的计算机网络中，客户机对服务器资源的文件访问处理是只下载相关部分，处理结束后再上传到服务器。

（3）浏览器/服务器模式

浏览器/服务器模式的计算机网络与客户机/服务器模式的计算机网络的主要区别在于客户端运行的是浏览器软件，因此客户不需要了解更多的计算机操作知识，对用户的要求不高。

目前，单纯的工作站/文件服务器模式的计算机网络基本上不再使用了。

2. 对等网络

对等网络是最简单的网络，网络中不需要专门的服务器，接入网络的每台计算机没有工作站和服务器之分，都是平等的。每台计算机分别管理自己的资源和用户，既可以使用其他计算机上的资源，也可以为其他计算机提供共享资源。该网络比较适合部门内部协同工作的小型网络，如图 1-4 所示。

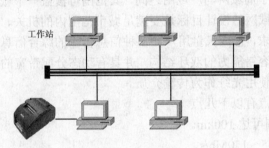

图 1-4 对等网络

对等网络组建简单，不需要专门的服务器，各用户分散管理自己计算机的资源，因而网络维护容易。但较难实现数据的集中管理与监控，整个系统的安全性也较低。

对等网络也称为工作组，对等网络中，各计算机必须配置相同的协议。

1.4.3 按网络的地理覆盖范围分类

按网络的地理覆盖范围可分为局域网（Local Area Network，LAN）、城域网（Metropolitan Area Network，MAN）和广域网（Wide Area Network，WAN）。

1. 局域网

局域网是一个单位或部门组建的小型网络，其覆盖范围一般在几千米以内，通常不超过 10km。对于局域网，美国电气电子工程师协会（IEEE）的局部地区网络标准委员会曾提出如下定义："局部地区网络在下列方面与其他类型的数据网络不同：通信一般被限制在中等规模的地理区域内，例如，一座办公楼、一个仓库或一所学校；能够依靠具有从中等到较高数据率的物理通信信道，而且这种信道具有始终一致的低误码率；局部地区网是专用的，由单一组织机构所使用。"

局域网既是一个独立使用的网络，同时也是城域网或广域网的基本单位，通过局域网的互连，可构成满足不同需要的网络，因此局域网是网络的基础。局域网覆盖的地理范围有限，通常不涉及远程通信问题，因而易于组建，同时也便于维护和扩展。

局域网的主要特点可以归纳如下。

1）地理范围有限。参加组网的计算机通常处在 1m～2km 的范围内。

2）具有较高的通频带宽，数据传输率高，一般为 1～20Mb/s。

3）数据传输可靠，误码率低，一般为 10^{-12}～10^{-7}。

4）局域网大多采用总线型及星型拓扑结构，结构简单，容易实现。网上的计算机一般采用多路访问技术来访问信道。

5）网络的控制一般趋向于分布式，从而减少了对某个结点的依赖性，避免或减小了一个结点故障对整个网络的影响。

6）通常网络归一个单一组织所拥有和使用，也不受任何公共网络当局的规定约束，容易进行设备的更新和新技术的引用，可以不断增强网络功能。

2. 城域网

城域网的规模介于局域网与广域网之间，其范围可覆盖一个城市或地区，一般为几千米至几十千米。城域网的设计目标是要满足城市范围内的机关、工厂、医院等企事业单位的计算机联网需求，形成大量用户和多种信息传输的综合信息网络。城域网技术的特点之一是使用具有容错能力的双环结构，并具有动态分配带宽的能力，支持同步和异步数据传输，并可以使用光纤作为传输介质。

城域网的主要特点有以下几点。

1）地理覆盖范围可达 100km。

2）传输速率为 45～150Mb/s。

3）工作站数大于 500 个。

4）误码率小于 10^{-9}。

5）传输介质主要是光纤。

6）既可用于专用网，又可用于公用网。

3. 广域网

广域网又称远程网，是一种跨越较大地域的网络，其范围可跨越城市、地区甚至国家。由于广域网分布距离较远，其通信速率要比局域网低得多，而信息传输误码率要比局域网高得多。

在广域网中，通常是租用公用线路进行通信，如利用公用电话网络、借助于卫星等。当然也有专门铺设的线路，这就需要完善的通信服务与网络管理。广域网的物理网络本身往往包含许多复杂的分组交换设备，通过通信线路连接起来，构成网状结构。由于广域网一般采用点对点的通信技术，所以必须解决路由问题。广域网与局域网相比，不仅建设投资高，运行管理费用也很大。

1.4.4　按网络的使用范围分类

网络按照使用范围可分为公用网和专用网。

1. 公用网

公用网一般是由国家邮电或电信部门建设的通信网络。按规定缴纳相关租用费用的部门和个人均可以使用公用网，如 CHINANET、CERNET 等。

2. 专用网

专用网是某个部门为其特殊工作的需要而建造的网络，这种网络只对拥有者提供服务，不向拥有者以外的人提供服务，如军队、铁路、电力系统等均拥有各自系统的专用网。随着信息时代的到来，各企业纷纷采用因特网技术建立内部专用网（因特网），它以 TCP/IP 协议为基础，以 Web 为核心应用，构成统一和便利的信息交换平台。

1.5　计算机网络的主要功能

21 世纪是被称为"信息社会"的时代，计算机网络为信息的采集、存储、加工、传输和应用提供了无可比拟的平台，改变了传统意义上的时空概念。计算机网络不仅使计算机的作用范围超越了地理位置的限制，方便了用户，而且也增强了计算机本身的功能，拓宽了服务，使得它在经济、军事、生产管理及教育、科学等部门发挥了重大作用，日益成为计算机应用的主要形式。

1.5.1　计算机网络的主要功能

1. 资源共享

资源共享包括网络中软件、硬件和数据资源的共享，这是计算机网络最主要的功能。

1）硬件资源。硬件资源的共享可以提高设备的利用率，避免设备的重复投资。例如，多台计算机连接起来可以共享一台打印机，如果在一个部门里每个站点全部都配激光打印机就太昂贵，更是一种资源浪费，利用网络系统可以用共享的一台打印机实现原来五台打印机的任务，这样，各个站点计算机的用户需要打印文件时，都可以直接在自己站点的计算机上提交并完成打印工作，而不需要用移动存储设备把文件复制下来再去别的计算机上打印，如图 1-5 所示。

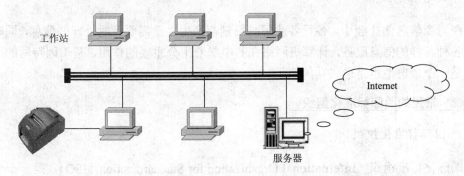

图 1-5　一个简单的网络系统

2）软件资源。软件资源的共享可以充分利用已有的信息资源。可共享的软件资源包括系统软件和应用软件，如工具软件、操作系统软件、网络游戏等。

3）数据资源。计算机网络技术可使大量分散的数据集中管理，同时也为充分利用这些数据资源提供了方便。例如，网内用户可共享网内的网络数据库，无需自己去重新设计和建立这些数据库，减少软件开发过程中的劳动，避免大型数据库的重复设置。

2. 数据通信

数据通信是计算机网络的基本功能，可实现不同地理位置的计算机与终端、计算机与计算机之间的数据传输。随着计算机网络技术的发展，尤其是因特网的广泛应用，全球各地的用户都可以借助强有力的通信手段，例如电子邮件、IP 电话、新闻发布和电子商务等）进行相互交流与协同工作。

3. 分布式处理

网络技术的发展，使得分布式计算机成为可能。对于大型的课题，可以分为许许多多的小题目，由不同的计算机分别完成，然后再集中起来解决问题。

对于较大型作业，可通过一定的算法，将作业分解交给不同的计算机，均衡使用网络资源，实现分布式处理的目的。

4. 可靠性高

计算机网络一般都属于分布式控制方式，如果有单个部件或少量计算机失效发生，由于相同的资源可分布在不同地方的计算机上，这样，网络可通过不同路由来访问这些资源，不影响用户对同类资源的访问。

5. 均衡负荷

均衡负荷是指当网络中的某台计算机处理任务的负荷过重时，新的任务可通过网内的结点和线路分送到其他较空闲的某台计算机，以提高整个系统的利用率。对于大型的综合性的科学计算和信息处理，通过适当的算法，可将任务分散到网络中不同的计算机系统上进行分布式的处理。

6. 综合信息服务

在当今信息化社会中，各行各业每时每刻都产生大量需要及时处理的信息，同时也需要各种各样的信息服务，计算机网络在其中起着十分重要的作用。基于因特网的万维网就是一个最典型也是最成功的例子。

1.5.2 常见的国际标准化组织

1. 国际标准化组织

国际化标准组织（International Organization for Standardization，ISO），是一个全球性的非政府组织，是国际标准化领域中一个十分重要的组织，于 1947 年 2 月 23 日正式成立，总部设在瑞士的日内瓦。OSI 七层模型就是由其制定并颁布的。

2. 美国电子工业协会

美国电子工业协会（Electronic Industries Association，EIA）创建于 1924 年，当时名为无线电制造商协会（Radio Manufacturers Association，RMA），只有 17 名成员，代表不过 200 万美元产值的无线电制造业。而今，EIA 成员已超过 500 名，代表美国 2 000 亿美元产值的电子工业制造商，成为纯服务性的全国贸易组织，总部设在弗吉尼亚的阿灵顿。EIA 下设工程部、政府关系部和公共事务部三个部门委员会和若干个电子产品部、组及分部。部门委员会为 EIA 成员提供市场统计及其他数据、技术标准、法律法规信息、政府关系、公共事务等方面的技术支持。其中，技术标准的制定工作由工程委员会承担，工程委员会下设专业委员会。

3. 国际电报电话咨询委员会

国际电报电话咨询委员会（Consultative Committee on International Telephone and Telegraphy，CCITT），它现在被称为 ITU-T（国际标准化组织电信标准化分部），是世界上主要的制定和推广电信设备和系统标准的国际组织。

4. 国际电信联盟

国际电信联盟（International Telecommunication Union，ITU）是联合国的一个专门机构，也是联合国机构中历史最长的一个国际标准，简称国际电联或电波。这个国际组织成立于 1865 年 5 月 17 日，是由法、德、俄等 20 个国家在巴黎会议为了顺利实现国际电报通信而成立的国际组织，定名为"国际电信联盟"。

1.5.3 计算机网络应用带来的问题

计算机网络的广泛应用已经对经济、文化、教育、科学的发展，以及人类生活质量的提高产生了重要影响，同时也不可避免地带来了一些新的社会、道德、政治与法律问题。

随着社会信息化的发展，银行正在经历着结构、职能和性质的转化，正在向金融服务的综合化、网络化方向发展。目前向客户提供金融服务的网络遍布全世界，直接面向客户的网络银行已经投入营业。在很多国家中，人们已经不习惯随身携带大量现金的购物方式，信用卡、支票已是最普遍的货币流通方式。大批量的商业活动与大笔资金的流通也面临着严峻的挑战。

计算机犯罪正在引起社会的普遍关注，而计算机网络是攻击的重点。计算机犯罪是一种高技术型犯罪，由于其犯罪的隐蔽性，对计算机网络安全构成了巨大的威胁。国际上，计算机犯罪案件正在飞速增长。因特网上的"黑客"攻击事件则以每年 10 倍的速度增长。计算机病毒从 1986 年发现首例以来，20 多年来正以几何级数增长，现已有 2 万多种病毒，对计算机网络带来了很大的威胁。国防网络和金融网络则成了计算机犯罪案犯的主要目标。美国国防部的计算机系统经常受到非法闯入者的攻击。美国金融界为此每年损失金额近百亿美元。因此，网络安全问题引起了人们普遍的重视。

因特网可以为科学研究人员、学生、公司职员提供很多很宝贵的信息，使得人们可以不受地理位置的限制与时间的限制，相互交换信息，合作研究，学习新的知识，了解各国科学文化发展。同时人们对因特网上一些不健康的、违背道德规范的信息表示了极大的担忧。一些不道德的因特网用户利用网络发表不负责或损害他人利益的消息，窃取商业、科研机密，危及个人稳私，这类事件经常发生，其中有一些已诉诸法律。

人们将分布在世界各地的因特网用户称作"因特网公民"，将网络用户的活动称为"因特网社会"的活动。这说明因特网的应用已经在人类生活中产生了前所未有的影响。社会是靠道德和法律来维系着的，我们必须意识到，对于大到整个因特网，小到各个公司的企业内部网与各个大学的校园网，都存在着来自网络内部与外部的威胁。要使网络有序、安全地运行，必须加强网络使用方法、网络安全与道德教育，完善网络管理，研究和不断开发各种网络安全技术与产品，同样也要重视"网络社会"中的"道德"与"法律"，这对于人类是一个新的课题。

小 结

计算机网络是计算机技术与通信技术高度发展、紧密结合的产物，网络技术的进步正在对当前信息产业的发展产生着重要的影响。

从资源共享观点来看，计算机网络是"以能够相互共享资源的方式互连起来的自治计算机系统的集合"；从计算机网络系统组成的角度看，典型的计算机网络系统从逻辑功能上可以分为资源子网和通信子网两部分。资源子网向网络用户提供各种网络资源与网络服务，通信子网完成网络中数据传输、转发等通信处理任务。

局域网按拓扑结构可分为星型、总线型、环型、网状型和树型网络，按覆盖地理范围可分为局域网、城域网与广域网。

思考与练习

一、填空题

1. 计算机网络是利用通信设备和通信线路，将地理位置分散、具有独立功能的多个计算机系统互连起来，通过网络软件实现网络中_____和_____的系统。

2. 按地理覆盖范围分类，计算机网络可分为_____、_____和_____。

3. 计算机网络按管理方式可分为_____网络和对等网络。

4. 网络的参考模型有两种：_____和_____。前者出自国际标准化组织；后者就是一个事实上的工业标准。

二、选择题

1. 计算机网络是_____与计算机技术相结合的产物。

   A. 网络技术   B. 通信技术   C. 人工智能技术   D. 管理技术

2. OSI RM 出自_____。

   A. ISO   B. SIO   C. IEEE   D. ANSI

3. 计算机网络的基本功能是_____。

    A. 资源共享   B. 分布式处理   C. 数据通信   D. 集中管理

4. 网络拓扑可反映网络中各实体之间的结构关系，3 种基本的拓扑结构不包含_____。

    A. 星型   B. 树型   C. 总线型   D. 环型

三、简答题

1. 什么是计算机网络？其两级子网分别是什么？试述其各自的功能。

2. 试述计算机网络的分类。

3. 比较计算机网络的几种拓扑结构，并简述一个你所了解的局域网的拓扑结构。

4. 什么是基于服务器模式的计算机网络？什么是对等网络？

5. 组成计算机网络系统的硬件系统包括哪些部件？软件系统包括哪些部件？

6. 通信子网和资源子网的主要部件是哪些？

◆ 实 训 _____

项目 网络设备的认识

【实训目的】

1. 认识网络设备与组件

知识点：常用的网络设备与组件有交换机、路由器、集线器、同轴电缆、RJ-45 接头（俗称水晶头）、网卡、双绞线，如图 1-6 所示。

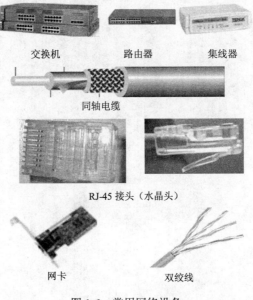

图 1-6 常用网络设备

2. 认识双绞线制作辅助工具

知识点：认识电缆测试仪和压线钳，压线钳的功能是剪线、切线及制作双绞线接头，如图 1-7 所示。

电缆测试仪　　　　　　　　　　　压线钳

图 1-7　双绞线制作辅助工具

【实训环境】

1）路由器、交换机、集线器、网卡各一个；同轴电缆若干段、双绞线若干段、RJ-45接头若干。

2）压线钳和电缆测试仪。

【实训内容与步骤】

1）对照图 1-6 认识路由器、集线器、交换机并记下它们的型号及品牌。

2）对照图 1-6 认识网卡并记下它的型号及品牌。

3）对照图 1-7 认识电缆测试仪和压线钳。

4）对照图 1-6 认识同轴电缆，并用压线钳剥开电缆的护套，观察它们的内部结构。

5）对照图 1-6 认识双绞线，并用压线钳剥开电缆的护套，观察它们的内部结构。

第 2 章

数据通信基础

2.1 数据通信的基本概念

通信系统中，信息的传输需要借助一定形式的物理信号，如电信号、光信号或电磁波等。这些信号可以是模拟信号，也可以是数字信号。

2.1.1 信息、数据和信号

1. 信息、数据和信号

信息是指有用的知识或消息，计算机网络通信的目的就是为了交换信息。而数据则是信息的表达方式，其可以是数字、文字、声音、图形和图像等多种不同形式。在计算机系统中，统一以二进制代码表示数据的不同形式。而当这些二进制代码表示的数据要通过介质和器件进行传输时，还需要将其转变成物理信号，信号是数据在传输过程中的电磁波表示形式。

2. 模拟信号和数字信号

信号应具有确定的物理描述，例如电压、磁场强度等。它可分为模拟信号和数字信号两种类型。

（1）模拟信号

模拟信号是随着时间连续变化的物理量。如声音就是一个模拟信号，当人说话时，空气中便产生一个声波，这个声波包含了一段时间内的连续值（无穷多个）。普通模拟电视的视频信号也是模拟信号。

图 2-1（a）描述了一个模拟信号的波形，其曲线相对于时间和幅值而言都是连续的，经过了一段时间内的无穷多个点。

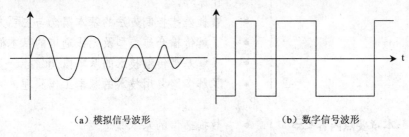

（a）模拟信号波形　　　　　　　　　（b）数字信号波形

图 2-1　模拟信号波形与数字信号波形

（2）数字信号

数字信号相对于时间和幅值而言都是不连续的，即离散的物理量，它只包含有限数目的固定值。最简单的数字信号是二进制数字 0 和 1，分别由物理量的两个不同状态（如高电平和低电平）表示。数字信号从一个值到另一个值的变化是瞬时发生的，就像开关电灯一样。

图 2-1（b）描述了一个数字信号的波形，曲线是离散的。其水平的高线和低线表示这些值是固定的。垂直线则表示了信号从一个值到另一个值的瞬时跳变。

2.1.2　数据通信方式

在数据通信过程中需要解决的问题有：数据通信是采用串行传输方式还是并行传输方式？是单向传输还是双向传输？如何实现收、发双方同步？下面进行具体介绍。

1. 串行通信和并行通信

根据同时在通信信道上传输的数据位数，数据通信方式可分为串行通信和并行通信。

（1）串行通信

计算机中用 8 位二进制代码来表示一个字节。在数据通信中，可以按图 2-2 所示的方式，将待传送的每个字节的二进制代码按由低位到高位的顺序，依次发送。这种数据通信方式称为串行通信。

串行通信的优点是成本低、利用率高，但是，速度慢，需进行串/并转换。这种通信方式适合长距离的信号传输。例如，用电话线进行通信就必须使用串行传输方式。

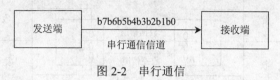

图 2-2　串行通信

（2）并行通信

并行通信是指可以按图 2-3 所示的方式，同时传输一组（多个比特位）比特，每个比特使用单独的一条线路。

图 2-3　并行通信

并行通信的优点是速度快、不需串/并转换，但是，成本高，信道的利用率低。这种通信方式适合近距离的传输。计算机内的总线结构就是并行通信的例子。

2. 单工、半双工和全双工通信

按照信号传送方向与时间的关系，发送方和接收方的通信方式有 3 种，单工、半双工和全双工。

（1）单工

在单工通信方式下，信号只能按照一个方向传输（正向或反向），任何时候不能改变信号的传输方向，如图 2-4 所示。为保证正确传送数据信号，接收方要对接收的数据进行校验，若校验出错，则通过监控信道发送请求重发的信号。无线电广播和电视广播都是典型的单工通信方式。

图 2-4　单工通信

（2）半双工

半双工通信允许信号在两个方向上传输，但某一时刻只允许信号在一个信道上单向传输。因此，半双工通信实际上是一种可切换方向的单工通信，如图 2-5 所示。传统的对讲机使用的就是半双工通信方式。

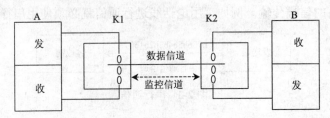

图 2-5　半双工通信

（3）全双工

全双工通信可以同时进行两个方向的信号传输，即有两个信道，如图 2-6 所示。全双工通信是两个单工通信方式的结合，要求收发双方都有独立的接收和发送能力。全双工通信效率高，控制简单，但造价高。计算机之间的通信是全双工方式。

图 2-6　全双工通信

3. 数据通信中的同步方式

同步是数字通信中必须解决的一个重要问题。所谓同步，就是要求通信的收发双方在时间基准上保持一致。

数据通信中常用的两种同步方式是异步传输和同步传输。

（1）异步传输

异步传输是以字符为单位进行传输，传输字符之间的时间间隔可以是随机的、不同步的。但在传输一个字符的时段内，收发双方仍需依据比特流保持同步。这种传输方式又称为起止字符传输。

异步传输方式规定在每个字符的起止位置分别设置起始位和停止位，界定字符的开始和结束。常用的设置方式为，起始位是 1 位 0，停止位是 1 位、1.5 位或 2 位 1。字符一般为 5 位或 8 位。图 2-7 给出了异步传输方式的字符结构。

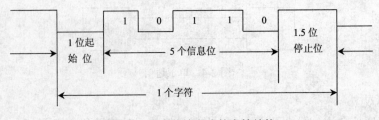

图 2-7　异步传输方式的字符结构

在异步传输方式下，传输介质在无数据传输时一直处于停止位状态，即 1 状态。一旦发送方检测到传输介质的状态由 1 变为 0，就表示发送方发送的字符已传输至此，接收方即以这个电平状态的变化启动定时器，按起始位的速率接收字符，可见起始位起到了使字符内各比特同步的作用。发送字符结束后，发送方将传输介质置于 1 状态，直至发送下一个字符为止。

异步传输方式实现简单，但需在每个字符的首尾附加起始位和停止位，因此它的额外开销大、传输效率低，适于低速数据传输。这种方式主要用于低速设备，如键盘和某些打印机等。

（2）同步传输

同步传输方式是指在一组字符（数据帧）之前加入同步字符，同步字符之后可以连续发送任意多个字符，即同步字符表示一组字符的开始。

同步传输方式下的数据帧组成如图 2-8 所示。

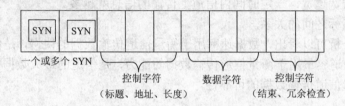

图 2-8　同步传输方式下的数据帧组成

其中，同步传输方式下数据帧的各字符或字段含义如下。

- 同步字符（SYN）：表示数据帧的开始。
- 地址字段：包括源地址（发送方地址）和目的地址（接收方地址）。
- 控制字段：用于控制信息（该部分对于不同数据帧可能变化较大）。
- 数据字段：用户数据（可以是字符组合，也可以是比特组合）。
- 检验字段：用于检错。
- 帧结束字段：表示数据帧的结束。

发送前，收发双方先约定同步字符的个数及相应的代码，以便实现接收与发送的同步。接收端一旦检测到同步字符 SYN，即可按双方约定的时钟频率接收数据，并以约定的算法进行差错校验，直至帧结束字段出现。

同步方式中，整个字符组（数据帧）在发送端和接收端被同步后，才作为一个单元传输，不需要对每个字符添加表示起始和停止的控制位。所以数据传输额外开销小，传输效率高。但是同步方式实现复杂，传输中的一个错误将影响整个字符组（而异步传输中的同样错误只影响一个字符的正确接收）。这种方式主要用于需高速数据传输的设备。

4. 数据通信的主要技术指标

数据通信的任务是传输数据信息，希望达到传输速度快、信息量大、可靠性高，涉及的技术指标有数据传输速率、误码率和信道容量。

（1）数据传输速率

数据传输速率是指传输线路上传输信息的速度，有数据传输速率和信号传输速率两种表示方法。

1）数据传输速率又称比特率，指单位时间内所传送的二进制位的个数，单位为比特每秒（b/s）。

2）信号传输速率又称波特率或调制速率，指单位时间内所传送的信号的个数，单位为波特（baud）。

3）比特率与波特率都是衡量信息在传输线路上传输快慢的指标，但两者针对的对象有所不同，比特率针对的是二进制位数传输，波特率针对信号波形的传输。

（2）误码率

误码率表示二进制数据位在传输中出错的概率，误码率主要用于衡量数据传输的质量。

（3）信道容量

信道容量指信道所能承受的最大数据传输速率，单位为 b/s。信道容量受信道的带宽限制，信道带宽越宽，一定时间内信道上传输的信息就越多。

（4）三个指标之间的关系

从上面的分析可以看出，数据速率用于衡量信道传输数据的快慢，是信道的实际数据传输速率。信道容量用于衡量信道传输数据的能力，是信道的最大数据传输速率。而误码率用于衡量信道传输数据的可靠性。

2.2 传输介质及其主要特性

用于连接网络设备的传输介质一般可分为有线传输介质和无线传输介质两大类。双绞线、同轴电缆和光导纤维是常用的三种有线传输介质。无线与卫星通信信道是常用的无线传输介质。

2.2.1 传输介质的主要类型

传输介质就是指搭载数字或模拟信号的传输媒介。

常用的传输介质有双绞线、同轴电缆、光导纤维、无线与卫星通信信道。

传输介质的特性对网络中数据通信质量的影响很大，其主要特性如下。

1）物理特性：对传输介质物理结构的描述。

2）传输特性：传输介质允许传送数字信号或模拟信号，以及调制技术、传输容量与传输的频率范围。

3）连通特性：允许点到点或多点连接。

4）地理范围：传输介质的最大传输距离。

5）抗干扰性：传输介质防止噪声与电磁干扰对传输数据影响的能力。

6）相对价格：器件、安装与维护费用。

2.2.2 双绞线的主要特性

1. 物理特性

双绞线是由两根绝缘铜导线拧成规则的螺旋状结构。绝缘外皮是为了防止两根导线短路,如常见的电话线等。把电线绞起来的目的是减少线对之间的电磁干扰、噪声、串音等。在传输系统中,通常把许多这样的线对捆在一起,再包上保护层形成一条电缆,以便使用。

双绞线对有不同的规格或口径,口径越粗传输性能越好。一般说来,双绞线的线路损耗大、传输速率低,但价格便宜,易于安装,主要用于局域网中,传输距离为几百米。

双绞线既可以传输模拟信号,又可以传输数字信号。常用的双绞线分屏蔽双绞线(STP)和无屏蔽双绞线(UTP)两大类,如图 2-9 所示。屏蔽双绞线比非屏蔽双绞线增加了一个屏蔽层,能够更有效地防止电磁干扰。

图 2-9　UTP 双绞线示意图

双绞线使用 RJ-45 接头连接网卡和交换机等通信设备,它包括 4 对双绞线。

2. 传输特性

屏蔽双绞线的抗干扰性好,100m 内传输速率可达 500Mb/s。无屏蔽双绞线又可分为 5 个基本类型。

- 1 类:阻抗范围广,不宜进行数据传输。
- 2 类:与 1 类相同,最高带宽为 1MHz,适用于 PBX 和报警系统。
- 3 类:阻抗为 100Ω,最高带宽为 16MHz,适用于 10Base-T 和 4Mb/s 令牌环网。
- 4 类:除最大带宽为 20MHz 外,其余同 3 类。
- 5 类:阻抗为 100Ω,测试带宽为 100MHz,适用于 100Mb/s、以太网和 FDDI 等高速协议。

2.2.3　同轴电缆的主要特性

同轴电缆是网络中广泛应用的传输介质之一。

1. 物理特性

同轴电缆以硬铜线为芯,外包一层用密织的网状导体环绕的绝缘材料,网外又覆盖一层保护性材料,按同轴形式构成,如图 2-10 所示。四层结构从里向外分别如下。

1)内芯:金属导体,用于传输数据。
2)绝缘层:用于内芯与屏蔽层间的绝缘。
3)屏蔽层:金属导体,用于屏蔽外部的干扰。
4)塑料外壳:用于保护电缆。

同轴电缆可分为基带同轴电缆和宽带同轴电缆,相应地将使用这两种电缆的系统分

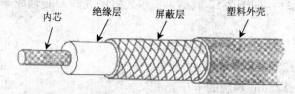

图 2-10　同轴电缆的结构示意图

别称为基带系统和宽带系统。

（1）基带同轴电缆

这种同轴电缆采用基带传输方式，即采用数字信号进行传输，用于构建局域网。

（2）宽带同轴电缆

这种同轴电缆采用宽带传输方式，即采用模拟信号进行传输，覆盖的区域比基带系统广，例如构建有线电视网。

2. 传输特性

基带同轴电缆采用曼彻斯特（Manchester）编码传输数字信号，速率最高可达10Mb/s；宽带同轴电缆既可传输模拟信号，也可以传输数字信号。

3. 连通特性

同轴电缆可用于点到点连接和多点连接。

4. 抗干扰性

同轴电缆的结构使得它的抗干扰性能力比较强，高于双绞线。

5. 相对价格

同轴电缆的价格高于双绞线，低于光纤。

2.2.4 光纤的主要特性

光纤又叫光导纤维，是一种轻便灵活、能传导光的介质，采用特殊的玻璃或塑料来制作。光纤传输的是光，通过传导光脉冲来进行通信。

利用光纤传输数据时，将用光脉冲的出现表示为"1"，不出现表示为"0"。光纤的传输性能高于双绞线和同轴电缆，但成本较高，在计算机网络中主要用于主干线。光纤的主要特点如下。

1）传输速率高，在10km的距离上可达到2Gb/s，远远大于其他介质。

2）误码率低。

3）抗干扰强，不受外界电磁场的影响。

4）安全无辐射，难以窃听，保密性好。

5）尺寸小，重量轻，弯曲性能好。

光纤分单模光纤和多模光纤两种，单模光纤的直径只有一个光波长（5～10μm），即只能传导一路光波，如图2-11所示。若多条入射角不同的光线在同一条光纤内传输，这种光纤就是多模光纤，如图2-12所示。多模光纤的光线与芯轴成一定角度，频带窄，衰减大，传输距离近。

计算机网络中常用的光缆有如下几种。

1）8.3μm芯层/125μm包层的单模光纤。

2）62.5μm芯层/125μm包层的多模光纤。

3）50μm芯层/125μm包层的多模光纤。

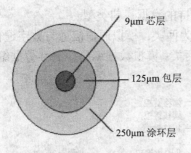

图 2-11 单模光纤结构示意图

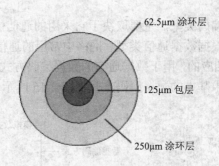

图 2-12 多模光纤结构示意图

4）100μm 芯层/140μm 包层的多模光纤。

2.2.5 无线介质

移动通信的发展使得无线传输介质越来越受到人们的重视。使用无线介质，是指在两个通信设备之间不使用任何物理的连接器，即无需铺设网络传输线。常用的无线介质是微波。

常用的微波通信有地面微波通信和卫星通信两种。

1. 地面微波通信

地面微波通信示意如图 2-13 所示。它的优点是频带宽、信道容量大、初建费用小，既可传输模拟信号，又可传输数字信号，但方向性强（必须直线传播）、保密性差。

2. 卫星通信

在卫星通信中，通信卫星是微波通信的中继站，如图 2-14 所示。它的优点是容量大、可靠性高、通信成本与两站点之间的距离无关，传输距离远、覆盖面广、具有广播特征。缺点是一次性投资大、传输延迟时间长。同步卫星传输延迟的典型值为 270ms，而微波链路的传播延迟大约为 3μs/km，电磁波在电缆中的传播延迟大约为 5μs/km。

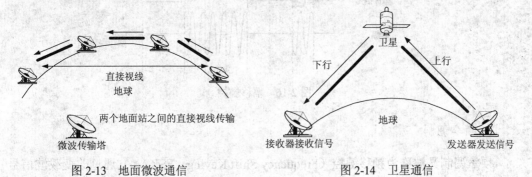

图 2-13 地面微波通信　　　　　　　图 2-14 卫星通信

2.3 数据编码技术

在计算机中数据是以离散的二进制 0、1 方式表示的。计算机数据在传输过程中的数据编码类型，主要取决于它采用的通信信道所支持的数据通信类型。

根据数据通信类型，网络中常用的通信信道分为两类：模拟通信信道与数字通信信道。相应的，用于数据通信的数据编码方式也分为两类：模拟数据编码与数字数据编码。网络中基本的数据编码方式如图 2-15 所示。

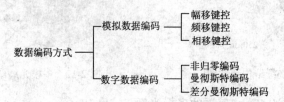

图 2-15　数据编码方式

2.3.1　模拟数据编码方法

要在模拟信道上传输数字数据，首先数字信号要对相应的模拟信号进行调制，即用模拟信号作为载波运载要传送的数字数据。

载波信号可以表示为正弦波形式：$f(t)=A\sin(\omega t+\varphi)$，其中幅度 A、频率 ω 和相位 φ 的变化均影响信号波形。因此，通过改变这三个参数可实现对模拟信号的编码。相应的调制方式分别称为幅度调制、频率调制和相位调制。结合幅度调制、频率调制和相位调制可以实现高速调制，常见的组合是相位调制和幅度调制的结合。

1. 幅度调制

幅度调制又被称为幅移键控（Amplitude Shift Keying，ASK），它通过改变载波信号的振幅大小来表示二进制 0 和 1，而频率和相位保持不变。例如将数字数据 010011100 进行振幅调制，结果如图 2-16 所示。其中两个周期的正弦信号（称为一个信号单元或码元）表示一位二进制数据。

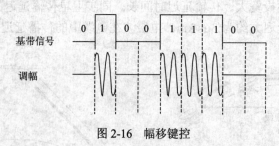

图 2-16　幅移键控

2. 频率调制

频率调制又被称为频移键控（Frequency Shift Keying，FSK），它通过改变载波信号的频率大小来表示二进制 0 和 1，而振幅和相位保持不变。例如将数字数据 010011100 进行振幅调制，结果如图 2-17 所示。

3. 相位调制

相位调制又被称为相移键控（Phase Shifting Keying，PSK）。它通过改变载波信号

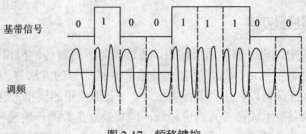

图 2-17　频移键控

的相位来表示二进制 0 和 1，而振幅和频率保持不变。相移键控又可分为绝对相移键控和相对相移键控。

（1）绝对相移键控

绝对相移键控用两个固定的不同相位表示数字"0"和"1"，用公式可表示为

$$U(t)=U_m\sin(\omega t+\pi)\quad\text{数字"1"}$$
$$=U_m\sin(\omega t+0)\quad\text{数字"0"}$$

例如，将数字数据 010011100 按上述公式进行绝对相移键控，结果如图 2-18 所示。

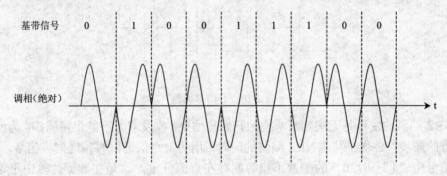

图 2-18　绝对相移键控

（2）相对相移键控

相对相移键控用载波在两位数字信号的交接处产生的相位偏移来表示载波所表示的数字信号。最简单的相对调相方法是：与前一个信号同相表示数字"0"，相位偏移 180°表示"1"。这种方法具有较好的抗干扰性。例如将数字数据 010011100 按上述方法进行相对相移键控，结果如图 2-19 所示。

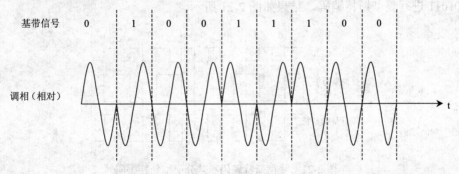

图 2-19　相对相移键控

2.3.2　数字数据编码方法

数据通信技术中，利用模拟通信信道，通过调制解调器传输模拟数据信号的方法称为频带传输。利用数字通信信道，直接传输数字数据信号的方法称为基带传输。

频带传输的优点是可以利用目前覆盖面最广、普遍应用的模拟语音通信信道。用于语音通信的电话交换网技术成熟并且造价较低，但其缺点是数据传输速率与系统效率较低。

基带传输在基本不改变数字数据信号频带（即波形）的情况下直接传输数字信号，可以达到很高的数据传输速率和系统效率。因此，基带传输是目前迅速发展并得到广泛应用的数据通信方式。在基带传输中，数字数据信号的编码方式主要有以下几种。

1. 非归零编码

非归零（Non-Return to Zero，NRZ）编码可以规定用负电平表示逻辑"0"，用正电平表示逻辑"1"，例如将01001011进行非归零编码，结果如图2-20所示。NRZ编码也可以有其他表示方法。

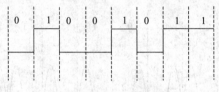

图 2-20　非归零编码

NRZ编码的缺点是无法判断一位的开始与结束，收发双方不能保持同步。为保持收发双方的同步，必须在发送NRZ编码的同时，用另一个信道同时传送同步信号。另外，如果信号中"1"和"0"的个数不相等则存在直流分量，这是在数据传输中不希望存在的。

2. 曼彻斯特编码

曼彻斯特编码是目前应用最广泛的编码之一。曼彻斯特编码的规则是在每比特的中间都产生跳变，而且这个跳变有双重作用，既表示比特值又表示同步信息。根据跳变的方向区分0和1，负电平到正电平的跳变表示1，正电平到负电平的跳变表示0。例如将01001011进行曼彻斯特编码，结果如图2-21所示。

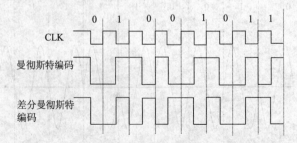

图 2-21　曼彻斯特编码和差分曼彻斯特编码

曼彻斯特编码的优点有如下几点。

1）每个比特的中间有一次电平跳变，两次电平跳变的时间间隔可以是 T/2 或 T，利用电平跳变可以产生收发双方的同步信号。因此，曼彻斯特编码信号又称为"自含时钟编码"信号，发送曼彻斯特编码信号时无需另发同步信号。曼彻斯特编码信号不含直流分量。

2）曼彻斯特编码的缺点是效率较低，如果信号传输速率是 10Mb/s，那么发送时钟信号频率应为 20MHz。

3. 差分曼彻斯特编码

差分曼彻斯特（difference manchester）编码是对曼彻斯特编码的改进。其保留了曼彻斯特编码作为"自含时钟编码"的优点，仍将每比特中间的跳变作为同步之用，但是每比特的取值则根据其开始处是否出现电平的跳变来决定。通常规定有跳变者代表二进制"0"，无跳变者代表二进制"1"，例如将 01001011 进行曼彻斯特编码，结果如图 2-21 所示。采用位边界的跳变方式来决定二进制是因为跳变更易于检测。

差分曼彻斯特编码的规则是每一位的中间（1/2 周期处）有一跳变，但是，该跳变只作为时钟信号（同步）。数据信号根据每位开始时有无跳变进行取值，有跳变表示数字"0"，无跳变表示数字"1"。

2.4 多路复用技术

2.4.1 多路复用技术的分类

多路复用技术是指在一条物理线路上建立多条通信信道的技术。研究和应用多路复用技术的主要原因有两点：一是通信工程中用于通信线路架设的费用相当高，人们需要充分利用通信线路的容量；二是无论在广域网还是局域网中，传输介质的传输容量往往都超过了单一信道的通信量。

多路复用的实质是将一个区域的多个用户信息通过多路复用进行汇集，然后将汇聚后的信息群通过一条物理线路传送到接收设备，接收设备通过多路复用器将信息群分离成各个单独的信息，再分发到多个用户。多路复用需经过复合、传输和分离 3 个过程。信号的复合和分离是由多路复用器和多路分解器完成的。多路复用的原理如图 2-22 所示。

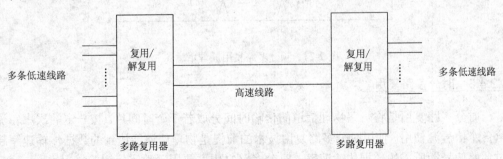

图 2-22 多路复用原理示意图

常用的多路复用技术一般有以下三种形式：

1）频分多路复用（Frequency Division Multiplexing，FDM）。

2）时分多路复用（Time Division Multiplexing，TDM）。

3）波分多路复用（Wavelength Division Multiplexing，WDM）。

2.4.2 频分多路复用

频分多路复用技术是一种模拟技术。它按照频率区分信号，把传输介质的带宽划分为若干个窄频带，每一路信号占用一个窄频带。实现 FDM 的前提是任何信号只占据一个宽度有限的频率，而信道可以被利用的频率比一个信号的频率宽得多，因而可以利用频率分隔的方式来实现多路复用。

当有多路信号输入时，发送端分别将各路信号调制到各自所分配的频带范围内的载波上，传输到接收端以后，利用接收滤波器再把各路信号区分开来并恢复成原来信号的波形。为了防止相邻两个信号频率覆盖造成干扰，在相邻两个信号的频率之间通常要留有一定的频率间隔。

FDM 的方法起源于电话系统，下面就利用电话系统这个例子来说明频分多路复用的原理。现在一路电话的标准频带是 0.3～3.4kHz，高于 3.4kHz 和低于 0.3kHz 的频率分量都将被衰减掉。所有电话信号的频带本来都是一样的，即 0.3～3.4kHz。若在一对导线上传输若干路这样的电话信号，接收端将无法把它们分开。若利用频率变换，将三路电话信号搬到频带的不同的位置，就形成了一个带宽为 12kHz 的频分多路复用信号。如图 2-23 所示，一路电话信号共占有 4kHz 的带宽。由于每路电话信号占有不同的带宽，到达接收端后，就可以由滤波器将各路信号区分开。由此可见，信道的带宽越大，容纳的电话路数就会越多。随着通信信道质量的提高，在一个信道上同时传送的电话路数就会越来越多。目前，在一根同轴电缆上已实现了上千路电话信号的传输。

频分多路复用原理简单，技术成熟，系统的效率较高。但易产生信号失真，系统设备庞大复杂。频分多路复用适合于模拟信号的传输，通常电话系统、电视系统中都采用频分多路复用技术。

图 2-23 频分多路复用原理示意图

2.4.3 时分多路复用

时分多路复用是将一条物理信道的传输时间分成若干个时间片，按一定的次序轮流给各个信号源使用。使用时分多路复用技术的前提是物理信道能达到的数据传输速率超过各路信号源所需的数据传输速率。时分多路复用主要用于数字信道的复用。

时分多路复用的实现方法有两种：同步时分多路复用和异步时分多路复用。

1. 同步时分多路复用

在同步时分多路复用中，时间片是预先分配好的，而且是固定不变的，即每个时间片与一个信号源对应，而不管此时是否有信息发送。在接收端，根据时间片序号可判断出是哪一路信号。采用同步时分多路复用，由于不一定每个时间片内都有数据发送，所以信道的利用率低。同步时分多路复用原理如图 2-24 所示。

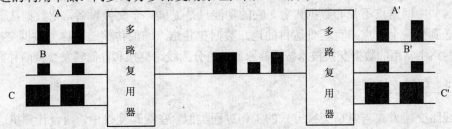

AA'、BB'、CC'——通信时间片

图 2-24 同步时分多路复用原理

2. 异步时分多路复用

异步时分多路复用是目前计算机网络中应用广泛的多路复用技术。在异步时分多路复用技术中，动态分配信道的时间片，以实现按需分配。如果某路信号源没有信息发送，则允许其他信号源占用这个时间片，这样就避免了时间片的浪费，大大提高了信道的利用率。

2.4.4 波分多路复用

波分多路复用技术是频分多路复用在光纤信道上使用的一个变种，因此也称其为光的频分复用。不同的是波分多路复用技术应用于全光纤组成的网络中，传输的是光信号，并按照光的波长区分信号。

如图 2-25 所示，波分多路复用系统的核心器件是棱柱或衍射光栅。多根光纤发出的光信号到达同一个棱柱或衍射光栅，每根光纤里的光波处于不同的波段上，多束光信号通过棱柱或衍射光栅集中到一根共享的光纤上，到达目的地后，再由一个棱柱或衍射光栅将光重新分解成多路光信号。作为 FDM 的一个变种，波分多路复用与频分多路复用的唯一区别是在波分多路复用中使用的衍射光栅是无源的，因此可靠性非常高。

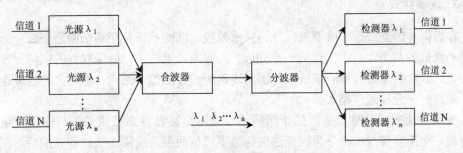

图 2-25 波分多路复用原理示意图

2.5　广域网中的数据交换技术

数据在通信线路上进行传输的最简单形式是在两个互连的设备之间直接进行数据通信。但是，网络中所有设备都直接通信是不现实的，通常要经过多次中间结点才能将数据从信源逐点传送到信宿，从而实现两个互连设备之间的通信。

这些中间结点不关心数据内容，它的功能只是提供一个交换设备，把数据从一个结点传送到另一个结点，直至到达目的地。数据在各结点间的传输过程称为数据交换。

网络中常用的数据交换技术按照其原理，可分为线路交换和存储转发交换两种方式。

2.5.1　线路交换方式

线路交换方式与电话交换方式的工作过程类似。在线路交换中，两台计算机通过通信网进行数据交换之前，首先要在通信子网中建立一个实际的物理线路连接。

线路交换方式的通信过程分为三个阶段。

1. 线路建立

在传输数据之前，先要为此次传输建立一条专用的物理通路，在图 2-26 所示的网络拓扑中，1、2、3、4 和 5 为网络转接结点，而 A、B、C、D 和 E 为通信站点。若站点 A 要向站点 D 传输数据，需要在 A~D 之间建立一条物理连接。具体的方法是：站点 A 向结点 1 发出欲与站点 D 连接的请求，由于站点 A 与结点 1 已有直接连接，因此不必再建立连接。需要做的是在结点 1 到结点 4 之间建立一条专用线路。从图 2-26 中我们可以看到，从 1~4 的通路有多条，比如 1—5—4，1—3—4 和 1—2—3—4 等，这时就需要根据一定的路径选择算法，从中选择一条，如 1—3—4。结点 4 再利用直接连接与站点 D 连通。至此就完成了 A~D 之间的线路建立。

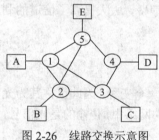

图 2-26　线路交换示意图

2. 数据传输

在 A 与 D 通过通信子网的物理线路连接建立以后，A 与 D 就可以通过该连接实现实时、双向交换数据。

3. 线路释放

在数据传输完成后，就要进入线路释放阶段，以便重新分配通信网络资源。拆除线路可由通信的两个站点中的任何一个完成，就像电话系统中，通话双方的任何一方都可先挂机。拆除线路的信号应该依次传送到线路所经过的每个结点，将建立的物理连接释放。到这时，此次通信结束。

线路交换方式的特点是通信子网的结点是用交换设备来完成输入与输出线路的物理连接。交换设备与线路分为模拟通信与数字通信两类。线路连接过程完成后，在两台主机之间已建立的物理线路连接为此次通信专用。通信子网中的结点交换设备不能存储数据，不能改变数据内容，并且不具备差错控制能力。

线路交换方式的优点是通信实时强，适用于交互式会话类通信。缺点是对突发性通信不适应，系统效率低；系统不具有存储数据的能力，不能平滑通信量；系统不具备差错控制能力，无法发现与纠正传输过程中发生的数据差错。在进行线路交换方式研究的基础上，人们提出了存储转发交换方式。

2.5.2　存储转发交换方式

1. 存储转发的基本概念

存储转发交换方式与线路交换方式的主要区别表现在以下两个方面：

1）发送的数据与目的地址、源地址、控制信息按照一定格式组成一个数据单元（报文或报文分组）进入通信子网。

2）通信子网中的结点是通信控制处理机，它负责完成数据单元的接收、差错校验、存储路选和转发功能。

2. 存储转发交换方式的优点

1）由于通信子网的通信控制处理机可以存储报文或报文分组，因此多个报文（或报文分组）可以共享通信信道，线路利用率高。

2）通信子网中通信控制处理机具有路选功能，可以动态选择报文（或报文分组）通过通信子网的最佳路径，同时可以平滑通信量，提高系统效率。

3）报文（或报文分组）在通过通信子网中的每个通信控制处理机时，均要进行差错检测与纠错处理，因此可以减少传输错误，提高系统可靠性。

4）通过通信控制处理机，可以对不同通信速率的线路进行速率转换，也可以对不同的数据代码格式进行变换。

正是由于存储转发交换方式有以上明显的优点，因此，它在计算机网络中得到了广泛的使用。

3. 存储转发交换方式的分类

按照转发的信息单位不同，存储转发交换方式可以分为报文交换与分组交换两类。利用存储转发交换原理传送数据，被传送的数据单元相应又可分为报文和报文分组两类。

如果在发送数据时，可以不管发送数据的长度是多少都把它当作一个逻辑单元，那么就可以在发送的数据上加上目的地址、源地址与控制信息，按一定的格式打包后组成一个报文。另一种方法是限制数据的最大长度，典型的最大长度是 1 千或几千比特。发送站将一个长报文分成多个报文或多个报文分组，接收站再将多个报文分组按顺序重新组装成一个完整报文。报文与报文的分组结构的区别如图 2-27 所示。

报文	报文号	目的地址	源地址	数据	校验

报文分组	报文号	报文分组号	目的地址	源地址		校验

图 2-27　报文和报文分组结构

　　由于分组长度较短，在传输出错时，检错容易并且重发花费的时间较少，这就有利于提高存储转发结点的存储空间利用率与传输效率，因此成为当今公用数据交换网中主要的交换技术。目前，美国的 TELENET、TYMNET，以及中国的 CHINAPAC 都采用分组交换技术，这类通信子网被称为分组交换网。

　　分组交换技术在实际应用中又可分为数据报方式和虚电路方式两类。

2.5.3　数据报方式

　　数据报（DataGram，DG）是报文分组存储转发的一种形式。在数据报方式中，每个分组被独立传输，也就是分组可能经由不同的路径到达接收站，这种方式中的分组被称为数据报。图 2-28 显示了数据报的传输过程。例如站点 A 要向站点 D 传送一个报文，报文在交换结点 1 被分割成 4 个数据报，它们分别经过不同的路径到达站点 D，数据报 1 的传送路径是 1—5—4，数据报 2 的传送路径是 1—2—3—4，数据报 3 的传送路径是 1—2—5—4，数据报 4 的传送路径是 1—3—4。由于 4 个数据报的路径不同，导致它们的到达失去了顺序。

　　数据报方式会导致属于同一个报文的分组以乱序到达接收站，在到达接收站之后还需对数据报进行排序重组。

　　数据报方式的数据传输过程如图 2-28 所示。

2.5.4　虚电路方式

　　虚电路（Virtual Circuit，VC）方式试图将数据报方式和线路交换方式结合起来，发挥两种方式的优点，以达到最佳的数据交换效果。

　　在虚电路方式中，传输数据之前，需要建立一条发送站和接收站之间的路径，这条路径被称为虚电路。发送数据时，所有的分组都沿着这条虚电路按顺序传送。图 2-29 显示了虚电路方式的传输过程。例如站点 A 要向站点 D 传送一个报文，报文在交换结点 1 被分割成 4 个数据报，数据报 1、2、3 和 4，沿虚电路 1—3—4，按顺序传送。

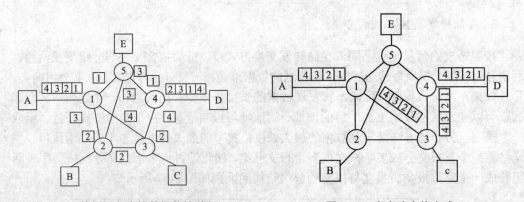

图 2-28　数据报方式的数据传输过程　　　　　图 2-29　虚电路交换方式

　　虚电路方式能够保证分组按照发送的顺序到达，省去了数据报方式中对分组的拆分和组合。另外，"虚电路"这一术语是为了区别线路交换而言的。线路交换是各交换结点为发送站和接收站建立一条专用的物理通路。而虚电路方式是在交换结点之间建立路由，即在交换结点的路由表内创建一个表项。当交换结点收到一个分组后，它检查路由表，按照其匹配项的出口发送分组。因此虚电路不是一条专用线路，它可以与其他连接共享。

2.6　差错控制方法

2.6.1　差错原因与差错控制方法

差错是指接收端收到的数据与发送端实际发出的数据不一致的现象。差错产生是不可避免的，我们主要是分析差错产生的原因与差错控制类型，研究检查是否出现差错及如何纠正差错，即差错控制方法。

当数据从信源出发，经过通信信道时，由于通信信道总是有一定的噪声存在，因此，在到达信宿时，接收信号是信号与噪声的叠加。在接收端，接收电路在取样时判断信号电平。如果噪声对信号叠加的结果在电平判断时出现错误，就会引起传输数据的错误。

通信信道的噪声分为两类：热噪声与冲击噪声。

热噪声是由传输介质导体的电子热运动产生的。热噪声的特点是时刻存在、幅度较小、强度与频率无关，但频谱很宽，是一类随机的噪声。由热噪声引起的差错是一类随机差错。

冲击噪声是由外界电磁干扰引起的。与热噪声相比，冲击噪声幅度较大，是引起传输差错的主要原因。冲击噪声持续时间与数据传输中每比特的发送时间相比，可能较长，因而冲击噪声引起的相邻多个数据位出错呈突发性。冲击噪声引起的传输差错为突发差错。引起突发差错的位长称为突发长度。在通信过程中产生的传输差错，是由随机差错与突发差错共同构成的。

2.6.2　差错控制

差错控制就是指在数据通信过程中，发现、检测差错，对差错进行纠正，从而把差错限制在数据传输所允许的尽可能小的范围内。

在数据传输中，没有差错控制的传输通常是不可靠的。

1. 差错控制编码

差错控制编码是用以实现差错控制的编码，它分纠错码和检错码两种。

纠错码是让每个传输的分组带上足够的冗余信息，以便在接收端能发现并自动纠正传输中的差错。

检错码让分组仅包含足以使接收端发现差错的冗余信息，但不能确定错误位的位置，即自己不能纠正传输差错。

纠错码方法虽然有优越之处，但实现复杂、造价高、费时间，在一般的通信场合不易采用。检错码方法虽然要通过重传机制达到纠错，但原理简单、实现容易、编码与解码速度快，是网络中广泛使用的差错控制编码。

2. 差错控制方法

差错控制方法主要有两类：自动请求重发（Automatic Repeat Request，ARQ）和前向纠错。

自动请求重发是利用编码的方法在数据接收端检测差错，当检测出差错后，设法通知发送数据端重新发送数据，直到无差错为止。

前向纠错是利用编码的方法，接收数据端不仅对接收的数据进行检测，当检测出差错后能自动纠正差错。

实际的网络一般使用自动请求重发与检错码结合的方法。自动请求重发有以下几种实现方式。

（1）停等式

发送方每发完一个数据报文必须等接收方确认后才能发下一个数据报文。

（2）全部重发

发送方可连续发送多个数据报文，若前面某个数据报文出错，从该数据报文以后的所有数据报文都需重发。

（3）选择重发

发送方可连续发送多个数据报文，若前面某个数据报文出错，只需重发出错的数据报文。这种方法要求发送方缓存出错数据报文重发前接收的所有未被确认的数据报文。

2.6.3　检错码工作原理

目前，常用的检错码主要有奇偶校验码和循环冗余校验码两类。

1. 奇偶校验码

在差错检测中，奇偶校验是一种最简单、最基本的方法，它分为垂直奇（偶）校验、水平奇（偶）校验与水平垂直奇（偶）校验（方阵码）。

奇偶校验码的工作原理是在原始数据字节的最高位或最低位增加一个附加位，使结果中 1 的个数为奇数（奇校验）或（偶校验），增加的位称为奇偶校验位。

以奇校验为例，如果发送方要发送数据 1011010（比特串中 1 的个数为 4），按照奇校验的规则，奇偶校验位应为 1，即实际发送的比特序列为 10110101，这样才能保证整个信息中 1 的个数为奇数"5"。如果数据在传输过程中遭到了破坏，假设接收方接收到的数据为 11110101，计算其中 1 的个数为 6，是偶数，则拒绝接收这个数据，并要求发送方重新发送。再假设接收方接收到的数据为 10000101，计算其中 1 的个数为 3，是奇数，按照奇校验的规则，应视此数据无差错，但实际上在传输过程中发生了 2 位错误，奇校验失效了。

奇偶校验可以检测出数据中奇数个错误，但不能检测出偶数个错误。它的优点是经济、容易实现。

2. 循环冗余校验码

在数据通信中，循环冗余校验方法是一种功能很强的检错技术，得到了广泛的应用。

循环冗余校验是将所传输的数据除以一个预先设定的除数，所得的余数作为冗余比特，附加在要发送数据的末尾，被称为循环冗余校验码（CRC 校验码），这样，实际传输的数据就能够被预先设定的除数整除。当整个数据传送到接收方之后，接收方就利用同一个除数去除接收到的数据，如果余数为 0，即表明数据传输正确，否则即意味着数据传输出现了差错。

循环冗余校验码的关键是二进制序列的除法计算。其规则是加法、减法运算都是进行异或运算，加法不进位，减法不错位，计算的方法如下。

1）在数据的末尾加上 n 个 0，n 等于除数的位数减 1。

2）采用二进制除法规则，计算加长的数据除以预先设定的除数，得到的余数即为循环冗余校验码。

3）将循环冗余校验码替换数据末尾的 n 个 0，即得出整个传输的数据。

例如，求 1011010 的 CRC 校验码，设除数为 10011。

因此，可得 CRC 校验码为相除的余数，即 1111。实际发送的比特串则为 10110101111。

```
                        1010101
            10011 ) 10110100000
                    10011
                    01011
                    00000
                    10110
                    10011
                    01010
                    00000
                    10100
                    10011
                    01110
                    00000
                    11100
                    10011
                    1111
```

实际上，循环冗余校验技术的数学基础是多项式除法。从数学角度看，任何数都可以表示成多项式的形式，因此二进制序列也可以表示成多项式形式，例如，1011010 就可表示成

$$1\times x^6+0\times x^5+1\times x^4+1\times x^3+0\times x^2+1\times x+0\times x^0$$

即

$$x^6+x^4+x^3+x$$

基于上述理论，所传输的数据即可表示成一个信息多项式 $m(x)$，而除数多项式即被称为生成多项式 $g(x)$。循环冗余校验码就是扩充 n 个 0 后的 $m(x)$ 除以 $g(x)$ 的余数。

目前，通信协议中的 CRC 标准主要有

$$CRC\text{-}12= x^{12}+x^{11}+x^3+x^2+1$$

$$CRC\text{-}16= x^{16}+x^{15}+x^2+1$$

$$CRC\text{-}ITU\text{-}T= x^{16}+x^{12}+x^5+1$$

$$CRC\text{-}32= x^{32}+x^{25}+x^{23}+x^{22}+x^{16}+x^{12}+x^{11}+x^{10}+x^8+x^7+x^5+x^4+x^2+x+1$$

循环冗余校验的性能良好，它可以检测出全部奇数个错误、全部的双字位错误以及

全部的长度小于或等于生成多项式阶数的错误，而且它还能以很高的概率检测出长度大于生成多项式阶数的错误。

小　结

信号是数据在传输过程中的电信号的表示形式。按照在传输介质上传输的信号类型，可以分为模拟信号和数字信号两类。

数据通信按照信号传送方向与时间的关系可以分为单工通信、半双工通信与全双工通信三种。数据通信的同步主要包括位同步与字符同步。

网络中常用的传输介质有双绞线、同轴电缆、光纤电缆，以及无线与卫星通信信道。在数据通信技术中有频带传输和基带传输两种传输技术。数据传输速率是描述数据传输系统性能的重要技术指标之一，单位为比特/秒（b/s）。

多路复用技术有三种基本形式：频分多路复用 FDM、波分多路复用 WDM 与时分多路复用 TDM。

网络中计算机之间的数据交换主要采用分组交换技术。在采用存储转发方式的广域网中，分组交换可以采用数据报方式或虚电路方式。

循环冗余校验码 CRC 是目前应用最广、检错能力较强的一种检错码编码方法。

思考与练习

一、填空题

1. 通信系统中，调制前的电信号为_____信号，调制后的信号为调制信号。

2. 在采用电信号表达数据的系统中，数据有数字数据和_____两种。

3. 数据通信的传输方式可分为_____和_____，其中计算机主板的总线是采用_____进行数据传输的。

4. 用于计算机网络的传输介质有_____和_____。

5. 对于双绞线，UTP 指_____，STP 指_____。

6. 在利用电话公共交换网络实现计算机之间的通信时，将数字信号变换成音频信号的过程称为_____，将音频信号逆变换成对应的数字信号的过程称为_____，用于实现这种功能的设备叫_____。

7. 网络中的通信在直接相连的两个设备间实现是不现实的，通常要经过中间结点将数据从信源逐点传送到信宿。通常使用的三种交换技术是：_____、_____和_____。

8. 数据传输有两种同步的方法：_____和_____。

二、选择题

1. 两台计算机通过传统电话网络传输数据信号，需要提供_____。

    A. 中继器　　　　B. 集线器　　　　C. 调制解调器　　　　D. RJ-45 接头连接器

2. 通过分割线路的传输时间来实现多路复用的技术被称为_____。

    A. 频分多路复用　　　　　　　　B. 波分多路复用

    C. 码分多路复用　　　　　　　　D. 时分多路复用

3. 下列编码属于自同步码的是_____。

    A. 非归零编码　　　　　　　　　B. 频移键控编码

    C. 曼彻斯特编码　　　　　　　　D. 幅移键控编码

4. 将物理信道的总带宽分割成若干个子信道，每个子信道传输一路信号，这就是_____。

    A. 同步时分多路复用　　　　　　B. 码分多路复用

    C. 异步时分多路复用　　　　　　D. 频分多路复用

5. 下列差错控制编码中，_____是通过多项式除法来检测错误的。

    A. 水平奇偶校验码　　　　　　　B. CRC

    C. 垂直奇偶校验码　　　　　　　D. 水平垂直奇偶校验码

三、简答题

1. 试分析数据与信号的区别。

2. 设一数据串为 10111001，画出经过 FSK、ASK 和 PSK（相对 PSK 和绝对 PSK）调制后的波形。

3. 设一数据串为 10111001，试画出其对应的单极性编码、非归零电平编码、曼彻斯特编码和差分曼彻斯特编码（假设初始状态为高电平）。

4. 数据通信有哪几种同步方式？它们各自的优缺点是什么？

5. 数据交换有几种方式？它们各自的优缺点及适用场合是什么？

6. 分别采用奇偶校验，计算下列数据的校验位。

    （1）1100010　　　　（2）1011011

7. 设一生成多项式为 $g(x)=x^4+x^3+1$，求 $g(x)$ 所对应的二进制比特串。

◆ 实 训

项目　非屏蔽双绞线的制作

【实训目的】

1. 掌握非屏蔽双绞线的制作

知识点：双绞线可以用于传输模拟或数字信号，常用点到点连接，也可用于多点连接。在同轴电缆、双绞线、光纤三种有线传输介质中，双绞线的地理范围最小、抗干扰性最低，但价格最便宜，是当前使用最普遍的传输介质。双绞线分为非屏蔽双绞线（UTP）和屏蔽双绞线（STP）两类。非屏蔽双绞线没有屏蔽层，完全依赖双绞线对的绞合来限制电磁干扰和无线干扰引起的信号退化。以太网标准中，双绞线的有效距离为 100m。

2. 掌握 T568A 和 T568B 标准线序的排列方式

知识点：要使双绞线能够与网卡、集线器、交换机、路由器等网络设备互连，还需要制作 RJ-45 接头。RJ-45 接头在制作时必须符合美国电子工业协会 EIA/TIA 标准。T568A 和 T568B 的接线标准如图 2-30 所示。

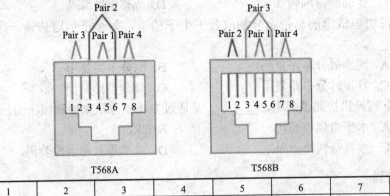

A 线序	1	2	3	4	5	6	7	8
	绿白	绿	橙白	蓝	蓝白	橙	棕白	棕
B 线序	1	2	3	4	5	6	7	8
	橙白	橙	绿白	蓝	蓝白	绿	棕白	棕

图 2-30　T568A 和 T568B 标准

3. 掌握 UTP 直通缆、交叉缆的制作方法以及它们的线序和使用场合

如果两个接头的线序都按照 T568A 或 T568B 标准制作，则做好的线为直通缆。如果一个接头的线序按照 T568A 标准制作，而另一个接头的线序按照 T568B 标准制作，则做好的线为交叉缆。

当需要连接的是不同的网络设备时，采用直通缆。当连接相同的网络设备时，采用交叉缆。

直通缆和交叉缆的线序和使用场合如表 2-1 所示。

表 2-1　直通电缆和交叉电缆的线序和使用场合

线序	连接方式	使用场合
直通缆	T568B—T568B T568A—T568A	在异种设备之间，例如： 计算机—集线器或交换机 路由器—集线器或交换机 交换机/集线器—下级交换机/集线器（uplink 口）
交叉缆	T568A—T568B	在同种设备之间，例如： 计算机—计算机 路由器—路由器 计算机—路由器 集线器—集线器 交换机—交换机

4. 掌握线缆测试的简单方法

（略。）

【实训环境】

1）非屏蔽双绞线（5 类）和 RJ-45 接头。

2）压线钳和电缆测试仪。

3）交换机及配有以太网的计算机。

【实训内容与步骤】

1. 制作 RJ-45 接头

1）剪线。利用压线钳的剪线刀口剪取适当长度的网线（5 类双绞线）。原则上，剪取网线的长度应该比实际需要稍长一些。原因之一是网线制作不能保证每次都是成功的，失败则需要剪掉接头重做；另外，网线走线时，并不能按直线距离布线，而需要将从实际的房间走到工作台再到机器的长度都计算进去。

2）剥线。用压线钳的剪线刀口将线头剪齐，再将线头放入剥线刀口，让线头紧顶挡板，稍微握紧压线钳慢慢旋转，让刀口划开双绞线的保护胶皮，拨下胶皮。此过程要特别把握压线钳的力度不能太大，过大会造成内部线芯被剪断。剥线的长度约为 15mm。

3）排线。5 类双绞线内有 8 芯（8 根线）两两绞合在一起，各用颜色区分，因此要将 8 条细导线一一拆开、理顺、捋直，再对线按照双绞线的线序标准（T568A 或 T568B）排列，本例中此端采用 B 线序排列整齐。

4）剪齐及插入。将 8 根按 B 线序排列整齐的线捋直后，用压线钳将头部剪齐。保证去掉外层绝缘皮的部分在 13mm，接头没有塑料弹簧片的一面对着自己，用力将 8 根线并排沿 8 个线槽插入 RJ-45 接头，在插入时也要注意保持理好的线序，直到 8 根线全部顶到底，并确保护套也被插入。透过接头端可以看到 8 根发亮的芯。

5）压线。确保线序无误后，放松压线钳，将 RJ-45 接头用力塞进压线钳的 RJ-45 插座内，直到塞不动为止，用力压下压线钳的手柄，直到压不下，将突出在外的针脚全部压入接头内。

6）拔出做好的 RJ-45 接头，用同样的方法制作另一头。为了给第 3 章的实训项目做准备，另一头也采用 B 线序，即做成直通缆。

7）将做好的 RJ-45 接头分别插入电缆测试仪的不同模块的 RJ-45 插座内，打开主模块的电源开关，则可以看到两个模块的相同指示灯同时亮。如果是直通缆，则可以看到 1&1、2&2、3&3、4&4、5&5、6&6、7&7、8&8 八对线相同数字序号上的灯同时亮。如果是交叉缆，则可以看到 1&3、2&6、3&1、4&4、5&5、6&2、7&7、8&8 的灯同时亮，否则就是做错了，应重新做。

8）当网线较多时，集线器或交换机的另一端很可能就很难分清哪一端对哪一端？因为两端间距可达百米。为避免此类事件发生，在每条线的两端分别做好标记，并制作一份档案长期保存。通常采用两种方法：一种是塑料线号标记。在市场中有售网线标记号的，制作网线时，剪断网线时就套好标记号即可。另一种是塑料套管+记号笔。购买比网线稍粗的塑料管，将其剪成 2～3cm 的小段，然后用标记笔在塑料套上写好标记号，制作时套在网线上。

2. 使用直通缆连接计算机和交换机

把直通缆一头插入计算机网卡的 RJ-45 接口，另一头插入交换机的任意一个口。如果连接正常，则网卡后面的指示灯会亮。

3. 使用交叉缆连接计算机和计算机

把交叉缆的一头插入计算机网卡的 RJ-45 接口，另一头插入另一台计算机网卡的 RJ-45 接口。如果连接正常，则网卡后面的指示灯会亮。

第3章

网络体系结构与网络协议

本章学习目标 ☞
- 了解分层体系结构的思想。
- 了解 OSI 参考模型和 TCP/IP 参考模型的不同点及相同点。
- 理解 OSI 参考模型的概念。
- 理解 TCP/IP 参考模型的概念。
- 理解网络体系结构的概念。
- 掌握 OSI 参考模型的七层结构，重点掌握各层的功能、所用硬件设备和协议。
- 掌握 TCP/IP 参考模型的四层结构。

本章要点内容 ☞
- OSI 参考模型结构，以及各层的功能、使用的硬件设备、使用的协议。

本章学前要求 ☞
- 掌握计算机网络的概念及网络拓扑结构。
- 掌握一定的数据通信和数据编码知识。

3.1 网络体系结构的基本概念

计算机网络是由各类具有独立功能的计算机和终端通过通信线路连接起来的复杂系统。为了保证网络中各计算机或者结点间的相互通信，尤其是异种计算机系统间的相互协调工作，需要有一个共同认可的网络体系结构，使各厂家都生产符合网络协议的产品。不同品牌的计算机或相关设备联网时，无论产品的内部结构如何，都能够相互通信，那么这些设备就必须在通信时遵守共同的规则、标准或约定，这些规则、标准或约定的集合就是协议。

3.1.1 通信协议

就像世界各地的人们在不同的地区讲不同的语言一样，计算机之间进行通信，也必须使用一种彼此都能理解的语言，这种语言被称为协议。为了使两台通信设备能顺利地进行通信，它们也必须"讲相同的语言"，这是通过采用通信设备可以相互接受的一整套规则（约定）来完成的。可以这样说，存在通信的地方就有协议。例如人与人打电话，先要拿起听筒，然后拨对方的电话号码并等待对方接电话，在对方接电话后，要互相确认对方身份，然后才开始正式谈话，谈话完毕，相互致意并挂断电话，本次通话结束。按照上述规则（或叫做顺序）打电话，就相当于是遵守了广义上的协议。

通信协议包括三个组成部分。

1）语法（syntax）：规定双方"如何讲"，是将若干协议元素和数据组合起来表达一个更完整的内容时所应遵循的格式，即数据与控制信息的结构、编码及信号电平等。

2）语义（semantics）：规定通信双方准备"讲什么"，亦即确定协议元素的含义，如控制信息、执行的动作和返回的应答等。例如，SYN 表示同步，ACK 表示确认，NAK 表示否认等。

3）语序（timing）：语序又称为时序或定时，规定通信双方"讲的顺序"或"应答关系"，即对事件实现顺序的说明，解决何时进行通信的问题。

语法、语义和语序被称为协议的三要素。

3.1.2 层次与接口的概念

为了更好地理解分层的概念，以图 3-1 所示的邮政系统为例来说明这个问题，假设处于甲地的用户 A 要给处于乙地的用户 B 发送信件，则在信件传递的整个过程中，主要涉及到用户、邮局和运输部门三个层次（即把不同地区的系统分成相同的层次）。用户 A 写好信的内容后，将它装在信封里并投入到邮筒里交由邮局 A 寄发，邮局收到信后，首先进行信件的分拣和整理，然后装入一个统一的邮包交付 A 地运输部门进行运输，例如，航空信交民航系统，平信交铁路或公路运输部门；B 地相应的运输部门得到装有该信件的货物箱后，将邮包从其中取出，并交给 B 地的邮局，B 地的邮局将信件从邮包中取出投到用户的信箱中，从而用户 B 收到了来自用户 A 的信件。

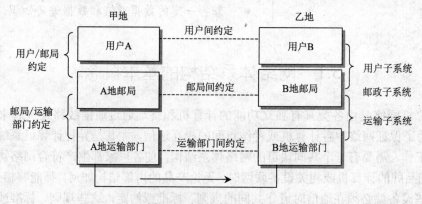

图 3-1 邮政系统示意图

在该过程中，写信人和收信人都是最终用户，处于整个邮政系统的最高层。邮局处于用户层的下一层，是为用户服务的，对于用户来说，他只需知道如何按邮局的规定将信件内容装入标准信封并投入邮局设置的邮筒就行了，而无需知道邮局是如何实现寄信过程的，这个过程对用户来说是透明的。运输部门是为邮局服务的，并且负责实际的邮件的运送，处于整个邮政系统的最底层。邮局只需将装有信件的邮包送到运输部门的货物运输接收窗口，而无需操心邮包作为货物是如何到达异地的。

另外，写信人与收信人、本地邮局与远地邮局、本地运输部门和远地运输部门则构成了邮政系统分层模型中不同层上的对等实体。不同系统的同等层具有相同的功能（A 地和 B 地的邮局）。高层使用低层提供的服务时，并不需要知道低层服务的具体实现方法。邮政通信系统层次结构划分的方法，与计算机网络层次化的体系结构有很多相似之处。层次结构体现出对复杂问题采取"分而治之"的模块化方法，它可以大大降低复杂问题处理的难度，对于计算机网络系统这样一个十分复杂的系统，分层是系统分解的最好方法之一。

无论是邮政通信系统还是计算机网络，它们都有以下几个重要的概念：协议、层次、接口和体系结构。

1. 层次

层次是指人们对复杂问题处理的基本方法。人们通常把一些难以处理的复杂问题分解为若干较容易处理的小问题。对于邮政通信系统，它是一个涉及全国乃至世界各地区亿万人民之间信件传送的复杂问题，该问题的解决方法是将总体要实现的很多功能分配在不同的层次中，每个层次要完成的服务及服务实现的过程都有明确规定。

利用分层的思想，可将计算机网络表示为如图 3-2 所示的层次结构模型。

（1）网络层次结构的特点

1）以功能作为划分层次的基础。

2）第 N 层是 N-1 层的用户，同时是 N+1 层的服务提供者。

3）第 N 层向 N+1 层提供的服务不仅包含第 N 层本身的功能，还包含 N 层以下各层提供的服务。

4）同一主机相邻层之间都有一个接口，该接口定义了下层向上层提供的操作原语和服务。

5）除了在物理介质上进行的是实通信外，其余各对等层实体间进行的都是逻辑通信即虚通信。除最底层外，一台主机的第 N 层与另一台主机的第 N 层进行通信，并不是同一层数据的直接传送，而是将数据和控制信息通过层间接口传送给相邻的 N-1 层，直至底层。在底层再通过物理介质实现与另一台主机底层的物理通信（即实通信），如图 3-2 所示。

（2）网络层次结构的划分原则

1）每层具有特定的功能，相似的功能尽量集中在同一层。

2）各层相对独立，某一层的内部变化不能影响另一层，低层对高层提供的服务与低层如何完成无关。

3）相邻层之间的接口必须清晰，跨越接口的信息量应尽可能少，以利于标准化。

4）层数应适中。若层数太少，每一层的功能太多，不易实现；若层数太多，则体系结构过于复杂，难以描述和实现各层功能。

2. 接口

接口是同一结点相邻层之间交换信息的连接点。在邮政系统中，邮箱就是发信人与

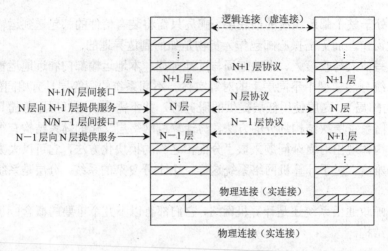

图 3-2　计算机网络的层次结构模型

邮递员之间规定的接口。同一个结点的相邻层之间存在着明确规定的接口，低层向高层通过接口提供服务。只要接口条件不变、低层功能不变，低层功能的具体实现方法与技术的变化就不会影响整个系统的工作。因此，接口是计算机网络实现技术中一个重要、基本的概念。

对于一个层次化的网络体系结构，每一层中活动的元素被称为实体。实体可以是软件实体，如一个进程；也可以是硬件实体，如智能芯片。不同系统的同一层实体称为对等实体。同一系统中的下层实体向上层实体提供服务。经常称下层实体为服务提供者，上层实体为服务用户。例如，图 3-2 中 N 层实体为 N+1 层实体的服务提供者，N+1 层实体为 N 层实体的服务用户；而 N 层实体对 N-1 层实体来说则是服务用户，N-1 层实体则是 N 层实体的服务提供者等。

服务是通过接口来实现的，接口就是上层实体和下层实体交换数据的地方，被称为服务访问点（Service Access Point，SAP）。例如 N 层实体和 N-1 层实体之间的接口就是 N 层实体和 N-1 层实体之间交换数据的 SAP。为了找到这个 SAP，每一个 SAP 都有一个唯一的标识，称为端口（port）或套接字（socket）。

3.1.3　网络体系结构的提出

所谓网络体系结构就是为了完成主机之间的通信，把网络结构划分为有明确功能的层次，并规定了同层次虚通信的协议及相邻层之间的接口及服务。因此，网络的层次结构模型与各层协议和层间接口的集合统称为网络体系结构。

网络的体系结构是一组设计原则，是一个抽象的概念，只解决"做什么"的问题，而不涉及"怎么做"。因此，网络实现的具体工作，如协议如何制定与实现，不属于网络体系结构的内容。不同的网络体系结构中，层的数量、名称、协议和接口可能不一样，但是都遵守层次划分的原则，即"各层相对独立，某一层的内部变化不能影响另一层，低层对高层提供的服务与低层如何完成无关。"这说明网络体系结构与具体的物理实现无关。即使在同一网络体系结构中，主机的型号和功能也可以各不相同，只要共同遵守相同的协议就可以实现互连和通信。

3.2 ISO/OSI 参考模型

3.2.1 OSI 参考模型的基本概念

20 世纪 70 年代中期，网络应用已初具规模，许多公司竞相进行网络产品的开发。但由于采用的网络结构和通信规则不同，不同厂商生产的产品、开发的网络系统不能互相兼容，增加了用户的使用困难。为了规范网络结构和通信规则，国际标准化组织 ISO 于 1984 年提出开放互连参考模型，该模型只是对层次划分和各层协议内容作了一些原则性的说明，而不是指一个具体的网络，这样各设计者可根据这一标准，设计出符合各自特点的网络。

OSI 参考模型是标准化、开放式的计算机网络层次模型。"开放"的含义是：任何遵守 OSI 参考模型和有关标准的系统都可以进行互连。这里"系统"指的是计算机、终端或其他外部设备等。

目前用的比较普遍的是两个著名的网络体系结构，一个是国际标准化组织推出的 OSI 参考模型，一个是既成事实的工业标准 TCP/IP 参考模型。

3.2.2 OSI 参考模型的结构

OSI 包括了体系结构、服务定义和协议规范三级抽象。OSI 定义了一个七层模型，用以进行进程间的通信，并作为一个框架来协调各层标准的制定。

OSI 模型分为 7 层，最高层为第 7 层，最底层为第 1 层，由低层到高层分别是物理层（physical layer）、数据链路层（data link layer）、网络层（network layer）、传输层（transport layer）、会话层（session layer）、表示层（presentation layer）和应用层（application layer），如图 3-3 所示。

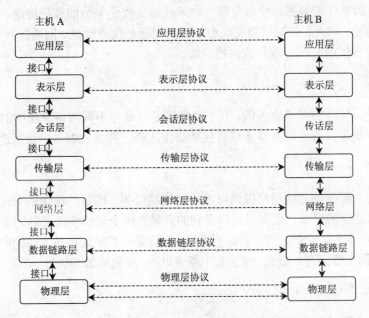

图 3-3 OSI 参考模型

OSI 参考模型的第 1 层～第 3 层负责网络中数据的物理传送，相当于实现通信子网的功能，因此这 3 层也被称为介质层（media layer）。OSI 参考模型的第 4 层～第 7 层（称为高层或主机层）在下 3 层进行数据传输的基础上，保证数据传输的可靠性。

3.2.3　OSI 参考模型各层的主要功能

OSI 参考模型并非指一个现实的网络，它仅仅规定了每一层的功能，为网络的设计规划出一张蓝图。各个网络设备或软件生产厂家都可以按照这张蓝图来设计和生产自己的网络或软件。尽管设计和生产出的网络和软件产品不尽相同，但它们应该具有相同的功能，并且彼此间可以相互兼容。下面先介绍一下各层的功能。

1. 物理层

物理层处于 OSI 参考模型的最底层，它主要利用传输介质为数据链路层提供物理连接。为此，该层定义了与物理链路的建立、维护和拆除有关的机械、电气、功能和规程特性，包括信号线的功能、"0" 和 "1" 信号的电平表示、数据传输速率、物理连接器规格及其相关的属性等。

除此之外，物理层还涉及数据传输模式是单向、双向还是交替；信号选择电信号还是光信号；传输介质的选择是有线还是无线，是电缆、双绞线还是光纤，以及信号的编码和设备的连接方式等问题。

物理层的作用是通过传输介质发送和接收二进制比特流。

2. 数据链路层

数据链路层是为网络层提供服务的，解决两个相邻结点之间的通信问题。在物理层提供比特流传输服务的基础上，数据链路层通过在通信的实体之间建立数据链路连接，传送以"帧"为单位的数据，使有差错的物理线路变成无差错的数据链路，保证点到点可靠的数据传输。因此，数据链路层关心的主要问题是物理地址、网络拓扑、线路规划、错误报告、数据帧的有序传输和流量控制等。

3. 网络层

网络层是为传输层提供服务的，其主要功能是为处在不同网络系统中的两个结点设备通信提供一条逻辑通道，其基本任务包括路由选择、拥塞控制与网络互连等。

4. 传输层

传输层的主要任务是向用户提供可靠的端到端服务，透明地传送报文。它向高层屏蔽了下层数据通信的细节，使高层用户看到的只是在两个传输实体间的一条主机到主机的、可由用户控制和设定的、可靠的数据通路，因而是计算机通信体系结构中最关键的一层。该层关心的主要问题是建立、维护和中断虚电路，差错校验与恢复，信息流量控制等。

5. 会话层

会话层的主要功能是管理和协调不同主机上各种进程之间的通信（对话），即负责建立、管理和终止应用程序之间的会话。会话层得名的原因是它类似于两个实体间的会话概念。例如，一个交互的用户会话以登录到计算机开始，以注销结束。

6. 表示层

表示层的功能是保证一个系统应用层发出的数据能被另一个系统的应用层读出。如有必要，表示层用一种通用的数据表示格式在多种数据表示格式之间进行转换。它包括数据格式变换、数据加密与解密、数据压缩与恢复等功能。

7. 应用层

应用层是 OSI 参考模型中最靠近用户的一层，它为用户的应用程序提供网络服务。这些应用程序包括电子数据表格程序、收发电子邮件和银行终端程序等。

3.2.4　OSI 环境中的数据传输过程

在 OSI 参考模型中，不同主机对等层之间按相应协议进行通信，同一主机不同层之间通过接口进行通信。除了最底层的物理层是通过传输介质进行物理数据传输外，其他对等层之间的通信均为逻辑通信。在这个模型中，每一层将上层传递过来的通信数据加上若干控制位后再传递给下一层，最终由物理层传递到对方物理层，再逐级上传，从而实现对等层之间的逻辑通信，如图 3-4 所示。

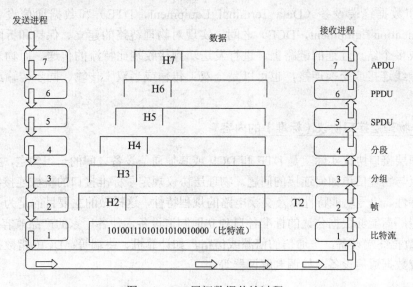

图 3-4　OSI 层间数据传输过程

在 OSI 参考模型中，对等层之间交换的信息单元称为协议数据单元（Protocol Data Unit，PDU），而每一层可为它的 PDU 再起一个特定的名称。如图 3-4 所示，假设计算机 A 上的某个应用程序要发送数据给计算机 B，则该应用程序把数据交给了应用层，应用层在数据前面加上应用层的报头即 H7，从而得到一个应用层的数据包。报头（header）及报尾（tailer）是指对等层之间相互通信所需的控制信息，增加报头和报尾的过程称为封装。封装后得到的应用层数据包被称为应用层协议数据单元（APDU），封装完成后应用层将该 APDU 交给表示层。

表示层接收应用层传下来的 APDU，它并不关心 APDU 中哪一部分是用户数据，哪一部分是报头，它只在收到的 APDU 前面加上包含本层控制信息的报头 H6，构成表示层的协议数据单元 PPDU，再交给会话层。

这一过程重复进行直到数据抵达物理层。在源计算机的发送进程从上到下逐层传递数据的过程中，每经过一层都要对上一层的数据附加一个特定的协议头部（H7、H6、…、H2），即封装。在物理层上转换成能在物理介质上传输的由"0"和"1"组成的比特流。通过物理介质传输到目的主机时，再经过从下到上各层的传递，依次去掉发送方相应层上加上的头部，即拆装，最后到达接收进程。因此，发送方和接收方各层次的对等实体看到的信息是相同的，感觉上是直接通信（虚通信）。

3.3 物 理 层

3.3.1 物理层的功能

物理层是 OSI 分层体系结构中的最底层，它是建立在通信介质的基础上，实现系统和通信介质的物理连接，在这一层上，数据仅作为原始的比特流进行处理。

该层与具体的联网设备和传输介质密切相关，它是利用机械、电气、功能和规程特性，在数据终端设备（Data Terminal Equipment，DTE）和数据通信设备（Data Communication Equipment，DCE）之间，实现对物理链路的建立、保持和拆除功能，在两个或多个结点互连的链路上，进行发送端到接收端比特流的传送。而物理的连接可以是专线连接或交换连接，也可以是全双工传输或半双工传输、同步传输或异步传输等。

3.3.2 物理层接口协议（标准）的内容

物理层接口协议实际上是 DTE 和 DCE 或其他通信设备之间的一组约定，主要解决网络结点与物理信道如何连接的问题。物理层协议规定了标准接口的机械连接特性、电气信号特性、信号功能特性以及交换电路的规程特性，这样做的主要目的是为了便于不同的制造厂商能够根据公认的标准各自独立地制造设备，使各厂家的产品兼容。这里，DTE 指数据终端设备，是通信的信源或信宿，如计算机、终端等；DCE 指数据电路终端设备或数据通信设备，如调制解调器等。

1. 机械特性

机械特性详细说明了物理接口连接器的尺寸、插针的数目、排列方式以及插头与插座的尺寸，电缆长度以及电缆所含导线的数目等，如双头插座、双头极性插座和三头插座，必须有一个合适的插头与之配套使用。

2. 电气特性

电气特性规定了在链路上传输二进制比特流有关的电路特性，如信号电压的高低、阻抗匹配、传输速率和距离限制等，通常包括发送器和接收器的电气特性以及与互连电缆相关的有关规则等。

3. 功能特性

功能特性规定各信号线的功能或作用。信号线按功能可分为数据线、控制线、时钟线和接地线等，功能特性要对各信号分配确定的信号含义，即定义 DTE 与 DCE 之间各电路的功能和操作要求。

4. 规程特性

规程特性是在功能特性的基础上，说明利用接口传送比特流的过程和顺序，它涉及 DTE 与 DCE 双方在各线路上的动作规程及执行的先后顺序，如怎样建立和拆除物理线路的连接，信号的传输采用单工、半双工还是全双工方式等。

3.3.3　物理层接口标准举例

EIA RS-232-C 是 EIA 制订的物理接口标准。RS（Recommended Standard）的意思是推荐标准；232 是一个标识号码；C 是版本号，表示该标准已被修改过的次数。RS-232-C 是 RS-232 继 RS-232-A、RS-232-B 之后的一次修订，在 RS-232-C 之后又经过了两次修订，其版次分别为 D 和 E，由于修订不多，所以仍普遍使用 RS-232-C 这一名称。RS-232-C 接口标准与国际电报电话咨询委员会 CCITT 的 V.24 标准兼容，是一种非常实用的异步串行通信接口。

那么采用 RS-232-C 接口标准有何特点呢？

首先，RS-232-C 标准最初是远程通信连接数据终端设备 DTE 与数据通信设备 DCE 而制定的。RS-232-C 标准提供了一个利用公用电话网络作为传输媒体，并通过调制解调器将远程设备连接起来的技术规定。远程电话网相连时，通过调制解调器将数字信号转换成相应模拟信号，使其能与电话网兼容。在通信线路的另一端，另一个调制解调器将模拟信号逆转换成相应的数字信号，从而实现比特流的传输。图 3-5 是两台远程计算机通过电话网相连的结构图。RS-232-C 标准接口只控制 DTE 与 DCE 之间的通信，与连接在两个 DCE 之间的电话网没有直接的关系。

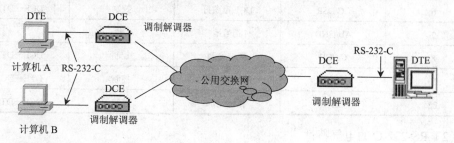

图 3-5　RS-232-C 远程连接

（1）RS-232-C 的机械特性

RS-232-C 的机械特性建议使用 25 针的 D 型连接器 DB-25，如图 3-6 所示。对于 DB-25 的机械技术指标是宽 47.04mm±13mm（螺钉中心间的距离），25 针插头/座的顶上一排针（从左到右）分别编号为 1～13，下面一排针（也是从左到右）编号为 14～25。还有其他一些严格的尺寸说明。并规定在 DTE 一侧采用孔式插座形式，DCE 一侧采用针式插头形式。除了 DB-25 之外，RS-232-C 也可使用其他形式的连接器，例如，在微型机计算机的 RS-232-C 串行端口上，可以使用 9 针连接器 DB-9，如图 3-6 所示，常用针的名称及功能如表 3-1 所示。它们的具体应用见实训部分。

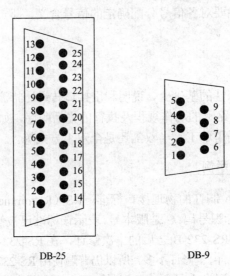

DB-25　　　　　　　　DB-9

图 3-6　25 针和 9 针连接器

表 3-1　RS-232-C 常用的功能线路表

针　号	线路代号/信号名	功能定义	类　型	传输方向
1	AA/GND	保护地	地	
2	BA/TD	发送数据	数据	DTE→DCE
3	BB/RD	接收数据	数据	DCE→DTE
4	CA/RTS	请求发送	控制	DTE→DCE
5	CB/RTS	允许发送	控制	DCE→DTE
6	CC/DSR	DCE 准备好	控制	DCE→DTE
7	AB/GND	信号地	地	
8	CF/CD	载波检测	控制	DCE→DTE
20	CD/DTR	DTE 准备好	控制	DTE→DCE
22	CE/RI	振铃提示	控制	DCE→DTE

（2）RS-232-C 的电气特性

RS-232-C 的电气特性规定，逻辑"1"或有信号状态的电压范围为 -15V 到 -5V；逻辑"0"或无信号状态的电压范围为 +5 V 到 +15 V；在码元畸变小于 4%的情况下，DTE 和 DCE 之间最大传输距离为 15m，即电缆长度不超过 15m；通信速率≤20kb/s 所允许的线路电压降为 2V。

（3）RS-232-C 的功能特性

RS-232-C 的功能特性定义了 25 针连接器中的 20 条连接线，其中 2 根地线，4 根数据线，11 根控制线，3 根定时信号线，剩下的 5 根没有定义（备用）。表 3-1 给出了其中最常用的 10 根信号线的功能特性和 RS-232-C 的 DTE-DCE 信号线连接的简单示意。

（4）RS-232-C 的规程特性

RS-232-C 的规程特性规定了接口的工作过程是在各根控制信号线有序的 ON（逻辑"0"）和 OFF（逻辑"1"）状态的配合下进行的半双工通信：在 DTE-DCE 连接的情况下，只有 CD（数据终端就绪，第 20 根线）和 CC（数据设备就绪，第 6 根线）均为 ON 时，才具备操作的基本条件。此后，若 DTE 要发送数据，则须先将 CA（请求发送，第 4 根线）置为 ON，等待 CB（允许发送，第 5 根线）应答信号为 ON 后，才能在 BA（发送数据，第 2 根线）上发送数据。

目前，许多终端和计算机都采用 RS-232-C 接口标准，但 RS-232-C 只适于短距离使用。一般规定终端设备和连接线不超过 15m，即两端总长 30m 左右，距离过长，其可靠性下降。

3.3.4　常见物理层设备与组件

1. 物理传输中存在的主要问题

信号在传输过程中涉及到的第一个问题是信号衰减。信号衰减是指用以表示原始比特流的信号其能量在传输过程中越来越小，以致在超出一定距离后信号能量再也无法被检测。产生信号衰减的原因包括介质吸收、反射或散射等，所以信号衰减是不可避免的。信号衰减限制了信号的传输距离，这就是所有传输介质都存在的最大传输距离受限制的原因。当然不同的传输介质因衰减特性不同，其最大传输距离往往会存在差别。除信号能量降低外，信号衰减还常常会同时伴随着信号的变形，所以在物理层需要采用放大和整形的方法来解决信号衰减及变形问题。

信号在传输过程中不可避免地要遇到的第二大问题就是噪声。噪声是指附加在原始信号之上的所有不期望的信号，有时也被称为干扰。物理线路上的热噪声、线路端接点的近端串扰、交流供电电路中的接地噪声和来自其他周围环境的无线干扰或电磁干扰等都是产生噪声的原因。噪声带来的严重后果是：一旦噪声的能量与信号能量具有一定的可比性时，就会导致信号传输出现错误，即接收端难以从混杂了较大噪声的信号中提取正确的数据。所以我们在物理层采取了一些必要的措施来减少噪声，如抵消与屏蔽、良好的端接和接地技术等。通常，我们用信噪比（Signal Noise Ratio，S/N）来表示噪声对信号的影响程度。信噪比越大，噪声对信号传输质量的影响就越小，减少干扰的最终目的就是为了提高信噪比。

2. 物理层的网络连接设备

（1）中继器

信号在通过物理介质传输时或多或少会受到干扰、产生衰减。如果信号衰减到一定程度，信号将不能识别。因此，采用不同传输介质的网络对网线的最大传输距离都有规定。例如，同轴电缆构建的粗缆以太网的最大电缆长度为 500m，非屏蔽双绞线构建的 100Base-T 以太网的最大电缆长度为 100m。如果要延伸网络信号的传输距离，就需要安装一个中继器。

中继器工作在 OSI 参考模型的物理层上，其功能是对衰减的信号进行再生和放大，然后再发送到另一电缆段。由于中继器在网络数据传输中起到了放大信号的作用，因此可以"延长"网络的距离。

（2）集线器

集线器是对网络进行集中管理的最小单元。用集线器构成的网络是一个星型拓扑结构的网络，集线器是网络的中心结点。

集线器本质上是一个多端口的中继器，因此它的工作原理与中继器几乎完全相同。两者的主要区别是：中继器一般为两个端口，一个端口接收数据，另一个端口进行放大转发；而集线器具有多个端口（8 口、16 口和 24 口等），数据到达一个端口后，将被转发到其他端口。

通常使用的绝大多数集线器都是以双绞线为连接介质的，其端口类型为 RJ-45。许多集线器上除了有连接工作站的 RJ-45 端口外，往往还有一个上连端口（uplink），用于将集线器连接到网络主干上，根据网络主干的介质类型，上连端口有 AUI、BNC 或 RJ-45 等接口类型。当局域网与网络主干距离比较远时，还需要具有与光纤连接的光纤接口。

3.4　数据链路层

3.4.1　数据链路层存在的必要性

数据链路层是工作在物理层之上的，尽管在物理层上采取了一些必要的措施来减少信号传输过程中的噪声，例如抵消和屏蔽等，但是数据在物理传输过程中仍然可能损坏或丢失。物理层只关心原始比特流的传送，不考虑也不可能考虑传输信号的意义和信息的结构，也就是说物理层不可能识别或判断数据在传输过程中是否出现了损坏或丢失，从而也谈不上采取什么方法进行补救。其次，物理层不考虑当发送站点的发送速度过快而接收点接收的速度过慢时，应采取何种策略来控制发送站点的发送速度，以避免接收站点因来不及处理而丢失数据。可见只有物理层的功能是不够的，位于物理层之上的数据链路层就是为了弥补物理层的这些不足而建立的。

数据链路层旨在实现网络上两个相邻结点之间的无差错传输。它利用了物理层提供的原始比特流传输服务，检测并校正物理层的传输差错，在相邻结点之间构成一条无差错的链路，从而为网络层提供可靠的数据传输服务。

3.4.2　数据链路层需要解决的主要问题

数据链路层是 OSI 参考模型的第 2 层，该层解决两个相邻结点之间的通信问题，实现两个相邻结点间无差错的协议数据单元传输。数据链路层传输的协议数据单元称为数据帧。

所谓链路就是数据传输中任何两个相邻结点间的点到点的物理线路。数据帧通常是由网卡产生，上一层的协议数据单元（数据包）传递到网卡后，网卡通过添加头部和尾部将数据打包（封装成帧），然后数据帧沿着链路再传送至目的结点。头部的信息包括发送结点和接收结点的地址（MAC 地址）以及错误校验信息等。

为实现相邻结点之间的可靠传输，数据链路层必须要解决以下几个问题。

1）在相邻的结点之间确定一个接收目标，即实现物理寻址。

2）提供一种机制使得接收方能识别数据流的开始与结束。

3）提供相应的差错检测与控制机制以使有差错的物理链路对网络层表现为一条无差错的数据链路。

4）提供流量控制机制以保证源和目标之间不会因发送和接收速率不匹配而引起数据丢失。

下面来具体介绍数据链路层解决这些问题的相关机制。

3.4.3　帧与成帧

为了实现物理寻址、差错处理和流量控制等一系列功能，数据链路层必须要使自己所看到的数据有意义，其中除了要传送的用户数据外，还要提供关于物理寻址、差错控制和流量控制所必需的信息，而不再是物理层的原始比特流。为此，数据链路层采用了帧的协议数据单元作为数据链路层的数据传送的格式。

1. 帧的基本格式

尽管不同的数据链路层协议给出的帧格式都存在一定的差异，但它们的基本格式还是大同小异的。图 3-7 给出了帧的基本格式，组成帧的具有特定意义的部分被称为域或字段。

帧开始	地址	长度/类型/控制	数据	帧检验序列	帧结束

图 3-7　数据链路层的帧格式

其中，帧开始字段和帧结束字段分别用以指示帧或数据流的开始和结束。地址字段给出结点的物理地址，物理地址可以是局域网网卡地址，也可以是广域网中的数据链路标识，地址字段用于设备或机器的物理寻址。长度/类型/控制字段则提供有关帧的长度或类型的信息，也可能是其他一些控制信息。数据字段承载的是来自高层即网络层的数据分组。帧检验序列（Frame Check Sequence，FCS）字段提供与差错检测有关的信息。通常数据字段之前的所有字段统称为帧头部分，而数据之后的所有字段统称为帧尾部分。

2. 成帧与拆帧

从帧的基本格式可以看出，帧提供了与数据链路层功能实现相关的各种机制，如物理寻址、差错处理及数据流定界等。可以说数据链路层协议将其要实现的数据链路层功能集中体现在其所规定的帧格式中。引入帧机制不仅可以实现相邻结点之间的可靠传输，还有助于提高数据传输的效率，例如，若发现接收方接收到一个（或几个）比特出错时，可以只对相应的帧进行特殊处理（如请求重发等），而不需要对其他未出错的帧进行这种处理。如果发现某一帧丢失，也只要求发送方重传所丢失的帧，从而大大提高了数据处理和传输的效率。

（1）成帧

引入帧机制后，发送方的数据链路层必须提供将从网络层接收的分组封装成帧的功能，即为来自上层的分组加上必要的帧头和帧尾，通常称此为成帧。在成帧过程中，如果上层的分组大小超出下层帧的大小限制，则上层的分组还要划分成若干个帧才能被传输。

（2）拆帧

接收方数据链路层必须提供将帧重新拆装成分组的功能，即去掉发送端数据链路层所加的帧头和帧尾部分，从中分离出网络层所需的分组，通常称这一过程为拆帧。

（3）帧的发送与接收

发送端的数据链路层接收到网络层的发送请求后，便从网络层与数据链路层之间的接口处取下待发送的分组，并封装成帧，并按顺序传送各帧，经过其下层物理层送入传输信道，这样不断地将帧送入传输信道就形成了连续的比特流。接收端的数据链路层从来自其物理层的比特流中识别出一个一个的独立帧，由于物理线路的不可靠，发送方发出的数据帧有可能在线路上发生出错或丢失（所谓丢失就是帧头或帧尾出错），从而导致接收方不能正确接收到数据帧。因此，为了保证接收方对接收到的数据进行正确判断，发送方为每个数据块进行循环冗余检验并加入到帧中，即形成帧中的 FCS 字段，这样接收方就可以通过重新计算循环冗余校验码来判断数据接收的正确性，对每一个帧进行校验，判断是否有错误。如果有错误，就采取收发双方约定的差错控制机制进行处理。如果没有错误，就对帧实施拆封，并将其中的数据部分（即分组）通过数据链路层与网络层之间的接口上交给网络层，从而完成了相邻结点的数据链路层关于该帧的传输任务。

3. 定界与同步

帧定界（同步）要解决的问题是接收方如何能从收到的比特流中准确地区分出一帧的开始与结束。由于网络传输中很难保证计时的正确和一致，所以不能采用依靠时间间隔关系来确定一帧的起始与终止的方法。常见有 4 种定界方法，即字符计数法、带填充字符的首尾界符法、带填充位的首尾标志法和物理层编码违例法。下面分别进行简单的介绍。

（1）字符计数法

字符计数法是在帧头中使用一个字段来标明帧内的字符数。当目标机的数据链路层看到字符计数值，它就知道了后续字符数和帧尾的位置。

这种方法的主要问题是，如果计数值本身因传输而出现错误，目标机便不能确定下一个帧的开始位置。即使目标机能够发现错误，也不能确切地告知源机器重传哪一帧，所以，字符计数法已很少采用。

（2）带填充字符的首尾界符法

此方法绕过了出错后再同步的问题，采取的措施是每个帧以 ASCII 字符序列 DLE STX 开头，以 DLE ETX 结束，即采用一些特定的字符来表示一帧的开始和结束，例如，IBM 公司的二进制同步通信规程（BSC）采用的就是此方法。使用这种方法，目标机一旦丢失了帧边界，它只需要查找这两个字符序列就可确定它的位置。

带填充字符的首尾界符法也存在一个严重的问题，当所传送的数据中含有这两个字符序列时，就会干扰边界的确定。一种解决的办法是发送方在帧的数据部分遇到 DLE 就在其前面再加上一个 DLE，这样数据部分的 DLE 就会成对出现。在接收方，数据链路层在将数据交给网络层之前丢掉这个 DLE 字符。这就是字符填充技术。

例如，待发送的数据是 <u>DLE STX A DLE B DLE ETX</u>，则在发送方数据链路层封装的帧如下（黑体部分是填充的 DLE 字符）。

DLE DLE STX A **DLE** DLE B **DLE** DLE ETX

接收方网络层收到的数据为

DLE STX A DLE B DLE ETX

丢掉了插入进来的字符序列 DLE。

通过这种填充 DLE 字符的方法，接收方就能保证帧边界字符的唯一性。但是，因为 DLE 是一个字符，发送方每次在数据部分中遇到一个 DLE 字符时，就必须插入一个 8 位长的 DLE。如果待传送的数据部分中有很多 DLE 字符，那么帧中就会包含大量的冗余 DLE，这也是带填充字符的首尾界符法的一个不足之处。

（3）带填充位的首尾标志法

与字符填充技术类似，带填充位的首尾标志法也是一种填充技术，此方法是用一串特定的比特组合来表示一帧的开始和结束，例如，ISO 推荐的高级数据链路控制协议（High-Level Data Link Control，HDLC）采用的就是此方法。

此方法的工作方式是，每一帧使用一个特殊的位模式 01111110 作为开始和结束标志，当发送方的数据链路层在数据中遇到 5 个连续的 1 时，它自动在其后插入一个 0 到输出位置，当接收方看到 5 个连续的 1 后面跟着一个 0 时，自动将此 0 删去。

位填充技术和字符填充技术一样，对通信双方的网络层来说都是完全透明的。如果用户的数据包含有位模式 01111110，则将以 011111010 的形式发送出去，但是仍然以 01111110 的形式存放在存储器中。

例如，待发送出数据是

0110111111111111110010

传输的数据是

0111111100 1 1 0 1 1 1 1 1 **0** 1 1 1 1 1 **0** 1 1 1 1 0 0 1 001111110

其中，斜体为首尾标志，黑体为填充位。

接收方存储器中的数据是

0110111111111111110010

采用位填充技术，两帧间的边界就可以通过位模式唯一地识别。因此，如果接收方失去同步，它只需要在输入流中扫描标志序列即可获得重新同步。

（4）物理层编码违例法

该方法是采用"违法"的编码来表示一帧的开始和结束。例如，曼彻斯特编码，在传输之前将数据位"1"编码成高－低电平对，数据位"0"编码成低－高电平对，因此可以利用高－高电平对和低－低电平对作为帧边界的特殊编码。

该方法不需要任何填充，即可实现数据的透明传输，但编码效率低，只适用于采用冗余编码的特殊编码环境中。IEEE802 的物理层信号编码就采用这种技术。

3.4.4 差错控制

如何保证所有的帧最终能够按照正确的顺序交付给目标机的网络层呢？这是差错控制要解决的问题。

差错控制的主要作用是通过发现数据传输中的错误，采取相应的措施来减少数据传输错误。差错控制的核心是对传送的数据信息加上与其满足一定关系的冗余码，形成一个加强的、符合一定规律的发送序列。所加入的冗余码称为校验码。校验码按照功能的不同可分为纠错码和检错码。纠错码不仅能发现传输中的错误，还能利用纠错码中的信息自动纠正错误，具有很高的纠错能力。检错码只能用来发现传输过程中的错误，不能自动纠正所发现的错误，需要通过反馈重发来纠错。常见的检错码有奇偶校验码和循环冗余校验码，详见第 2 章，在这里就不再重述。在传送数据的过程中，通常采用的是检错重发方式。

3.4.5 流量控制

1. 流量控制的作用

由于系统性能的不同和软件功能的差异，会导致发送方与接收方处理数据的速度有所不同。若一个发送能力较强的发送方给一个接收能力较弱的接收方发送数据，则接收方最终会因无能力处理所有收到的帧而不得不丢弃一些帧，造成数据的丢失。如果此时发送方持续高速发送，则接收方会被"淹没"。也就是说在数据链路层仅有差错处理机制是不够的，它不能解决因发送方和接收方处理数据的速度差异所造成的帧丢失问题。为此，在数据链路层引入了流量控制机制。

流量控制的作用是使发送方所发出的数据流量速率不要超过接收方所能接收的数据流量速率。流量控制的关键是协调发送速度与接收速度，使得接收方来得及接收发送方发送的数据帧。

目前常采用的流量控制协议有非受限协议、停-等协议和滑动窗口协议等。

2. 非受限协议

非受限协议是最简单的流量控制协议，其基本思想是：发送方只要有信息发送就可以不受限制地发送数据帧，并假定接收方有足够大的缓存区，可以缓存发送方发送的数据帧，或假定接收方的处理速度足够快，快到可以完全来得及处理发送方发送的数据。

非受限协议不检测帧是否损坏、丢失，不控制发送数量，即没有任何限制。这种协议适用于高质量的网络传输信道，几乎没有错误发生的情况，或者传输信息不重要，即使发生个别信息的丢失也没有太大影响的情况。就如同我们生活中邮寄平信，一般都是不重要的内容，并且信任邮局能够安全将信送达。

3. 停 - 等协议

停-等协议的基本思想是：发送方每发送完一个数据帧，都要等待接收方的确认帧到来后，再发送下一帧；接收方每接收到一个数据帧后，都要向发送方发送一个正确接收到数据帧的确认帧。

如果数据帧没有错误，则按照上述步骤循环执行，直至数据帧发送完毕。一旦接收方发现数据帧出现错误，则返回一个数据帧出错的信息帧，发送方则重发出错的帧。

停-等协议的控制过程简单，每次发送一个数据帧，要求结点缓冲区小，但停-等协议也存在一些问题。例如，如果发送方发送的数据帧丢失，接收方接收不到数据帧，也就不会返回确认帧，则造成发送方永久等待。

4. 滑动窗口协议

滑动窗口协议是指一种采用滑动窗口机制进行流量控制的方法。通过限制已经发送但还未确认的数据帧的数量，滑动窗口协议可以调整发送方的发送速度。

（1）帧序列号

滑动窗口协议的关键是，每个要发出的帧都包括一个序列号，从 0 到某个值。如果在帧中用以表达序列号的字段长度为 n，则序号的最大值为 2^n-1，例如，若帧中序号为三个比特长度即 n=3，则编号可以在 0～7 中选择。序列号是循环使用的，若当前帧的序列号已达到最大编号时，则下一个待发送的帧序列号将重新为 0，此后再依次递增。

（2）发送窗口

发送方要维持一个发送窗口，在发送窗口内所保持的一组序列号对应于允许发送的帧，可形象地称这些帧落在了发送窗口。如果发送窗口大小为 W，则表明已发送出去但未得到确认的帧总数不能超过 W。在任意时刻，发送方都保持一个连续的序号表，对应于允许发送的帧，这些帧称为发送窗口。

图 3-8 所示是一个序列号为 3 位，窗口大小为 4 的发送窗口示意图，当发送窗口内有 W=4 个没有确认的帧，则不允许再发送新的数据帧，需要发送的帧必须等到接收方传来的确认帧，并使窗口向前滑动即上限和下限各加 1，使其序列号落入发送窗口内才能被发送。上限用 high 表示，计算公式为

$$high=(high+1)\%max$$

（3）接收窗口

接收方则要维持一个接收窗口，在接收窗口内也保持一组序列号，其对应于允许接收的帧，只有发送序列号落在窗口内的帧才能被接收，落在窗口外的帧将被丢弃。

若帧被正确接收，则接收窗口向前滑动，即上限和下限各加 1，如图 3-8 所示。计算公式为

$$high=(high+1)\%max$$

在滑动窗口协议中，当发送窗口和接收窗口的大小都为 1 时，就变成了简单的停-等协议。

图 3-9 给出了滑动窗口协议的工作过程，该例子是序列号为 3 位，发送方与接收方的窗口大小都为 4 的滑动窗口协议工作过程。

从图 3-9 中可以看出，只有在接收窗口向前滑动时，发送窗口才有可能向前滑动。例如，在状态 2 和状态 3 中，

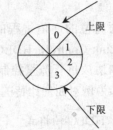

图 3-8 3 位序列号，窗口大小
为 4 的滑动窗口

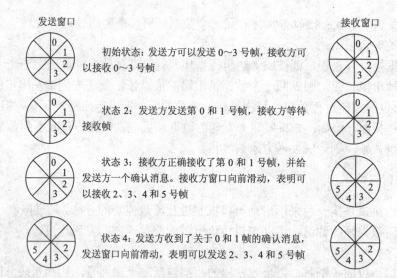

图 3-9　滑动窗口协议的工作过程

发送方还没有接到 0 和 1 号帧的确认之前，发送方发送窗口只能维持原位，即此时发送方至多只能发送 2 号和 3 号帧，因为它们已经落在了发送窗口内。只有当发送方收到关于 0 号和 1 号帧的确认后，发送窗口才向前滑动两格而使 4 号和 5 号帧落到发送窗口内，继而发送方才能发送 4 号和 5 号帧，从而达到了控制流量的目的。

由于发送方与接收方的数据处理能力有所不同，接收窗口和发送窗口可以不具有相同的窗口大小，甚至两者可以不具有相同的窗口上限与下限。

3.4.6　数据链路层协议实例

数据链路层协议可分为两类：面向字符的通信规程和面向位的通信规程。

第一类规程的特点是利用若干个控制字符控制报文的传输。通常，报文由标题（或称报头）和正文两部分组成。标题含有报文名称、源站地址、发送日期等信息，用于传输控制信息，正文则是报文的具体内容。图 3-10 所示就是一个典型的报文格式。此外，当目标机收到对方发来的报文时，若正确无误，则应向源机器发回表示确认的控制字符。若有错，便发回拒绝接收的控制字符。

SOH	标题	STX	正文	ETX	校验

图 3-10　报文格式的帧格式

面向位的通信规程的典型例子是 ISO 制定的高级数据链路控制协议（High-level Data Link Control，HDLC）。该规程传送信息单位为帧，采用位填充的成帧技术，以滑动窗口协议进行流量控制。由于许多网络的数据链路层都使用这种协议，所以我们以 HDLC 为例对面向比特的协议进行介绍。

1. HDLC 帧格式

和所有的数据链路层协议一样，HDLC 的功能集中体现在 HDLC 的帧格式中，如图 3-11 所示。

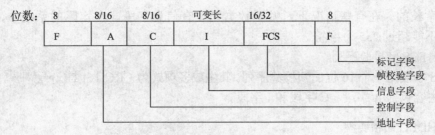

图 3-11   HDLC 帧格式

帧中各字段的含义如下。

（1）F 标记字段和位填充

HDLC 的标志字段用一个特殊的比特串模式"01111110"来标记每一帧的开始和结束。当站点接收到这个比特串时就知道一个 HDLC 帧正在传输。由于帧的大小是变化的，接收站需检查到达的位，并且寻找标志字段来探测帧的结束。

由于协议是面向位的，数据字段（或其他字段）可能包含任意的位模式。如果标志比特串在其他的字段中出现，则接收站将错误地将它解释成帧的结尾，因此必须避免这种情况的出现。最简单的解决方法是被称为"位填充"的方法。

使用位填充的发送站监控标志之间的各位，在它们发送之前对其进行处理。如果探测到连续出现了 5 个 1，那么它将自动地在第 5 个 1 后面插入（填充）一个额外的 0。这样就消除了潜在的标志模式，避免它被发送。接收方站点一旦检测到连续的 5 个 1 后面跟了一个 0，它就认为这个 0 是填充的，并把它移去。

（2）A 地址字段

地址字段（address）的标准格式是 8 位，扩展格式为 16 位，特别适用于多点连接的场合。其最低位为 1，故可寻址的从站达 128 个。当某站发出的一个帧中，A 字段是本站的地址，说明本站是从站，对方是主站，该帧是响应帧；如果 A 字段是其他站点的地址，说明本站是主站，对方是从站，该帧是一个命令帧。对于点对点连接，A 字段仅用来区别命令和响应。

（3）C 控制字段

控制字段（control）的标准格式是 8 位，扩展格式为 16 位，该字段是 HDLC 协议的关键部分。它标志了 HDLC 的三种类型帧：信息（information）帧、监控（supervisory）帧和无序号（unnumbered）帧。控制字段的内容如图 3-12 所示。

信息帧	0	N（S）		P/F	N（R）	
监控帧	1	0	S	P/F	N（R）	
无编号帧	1	1	M	P/F	M	
比特序号	1	2	3 4	5	6 7 8	

图 3-12   控制字段的结构

控制字段的第 1、2 位定义了帧的类型，如图 3-12 所示，以 0 开头为信息帧，以 10 开头为监控帧，以 11 开头为无序号帧。这些定义使接收站能够识别到达的是哪一类帧。

（4）I 信息字段

信息字段（information）即数据字段，它包含的是数据，可以包含任意信息且可以是任意长的。在有些情况下，帧无数据则没有信息字段。在实际的系统中，一般规定其不能超过255个字符。

（5）FCS帧校验序列

FCS字段是一个16位的帧校验序列。其生成多项式为CRC-16：$G(x)=x^{16}+x^{12}+x^5+1$，校验的内容包括A字段、C字段和I字段。

2. HDLC的帧类型

（1）信息帧

信息帧简称I帧，它控制字段的第1位为0。I帧用于发送数据，其中各位所表示的含义如下。

N（S）位于第2～4位，代表当前发送的信息帧的序列号。

N（R）位于第6～8位，代表下一个期望接收的序列号，即接收方不必专门为正确收到的信息帧发送确认，利用"捎带确认"技术，可以在自己当前要发送的信息帧中给出下一个期望收到的帧序列号。例如，在连续收到N（S）=0～3帧后，可将N（R）置为4，表示3号帧及以前各帧都已正确收到，下一个期望接收的发送序列号是N（S）=4，如图3-13所示，这种捎带确认技术可以提高信道的利用率。

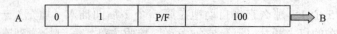

图3-13 A向B发送的"捎带确认"信息帧

（2）监控帧

监控帧简称S帧，它控制字段的第1位为1、第2位为0。S帧主要用于协议双方的通信状态，它不包含要传送的数据信息。根据S帧中控制字段的第3～4位取值，S帧又进一步分成4种类型，这4种S帧的名称及作用如下。

1）00（Receive Ready，RR）：接收准备就绪，表示确认序列号为N（R）−1及其以前的各帧，等待接收序列号为N（R）的帧，具有流量控制功能。例如

10	00	P/F	011

表示接收准备就绪，0～2号帧正确接收，等待接收第3号帧。

2）01（reject，REJ）：拒绝接收，表示传输出错，N（R）以后的各帧被否认，并要求其他站重发以N（R）号帧开始的帧，但确认N（R）−1及其以前的各帧。例如

10	01	P/F	011

表示传输出错，拒绝接收3号帧以后各帧，对0～2号帧进行确认，要求其他站重发3号以后的各帧。

3）10（Receive Not Ready，RNR）：接收尚未就绪，表示暂停接收下一帧，但确认N（R）−1及其以前的各帧，具有流量控制功能。

4）11（Selective Reject，SREJ）：选择拒绝，表示要求其他的站重发帧号为N（R）的帧。

（3）无编号帧

无编号帧简称U帧，它控制字段的第1和第2位为11。无编号帧不带N（R）和N（S）帧序列号，主要起数据链路控制作用，如用于链路连接的建立和拆除。它可在需要时发

出，而不影响信息帧的交换顺序。

3. HDLC 实例

图 3-14 和 3-15 所示为将 HDLC 用于实现有确认的面向连接数据传输服务的两个例子。

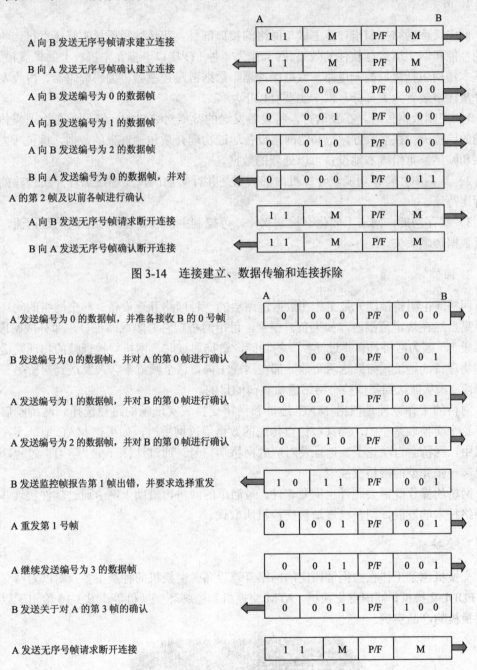

图 3-14　连接建立、数据传输和连接拆除

图 3-15　HDLC 用于有确认的面向连接的服务的例子

3.4.7 数据链路层的设备与组件

数据链路层的设备主要有网卡、网桥和交换机，下面分别介绍。

1. 网卡

网卡又称网络接口卡，是主机与网络的接口部件。其品种和质量的好坏直接影响网络的性能和网上所运行软件的效果。网卡作为一种 I/O 接口卡插在主机板上的扩展槽上，其基本结构包括接口控制电路、数据缓冲器、数据链路控制器、编码解码器、内收发器和介质接口装置六大部分，网卡主要有以下功能。

1）控制数据传送。在发送方，将设备发送的数据封装成帧，转换为在物理媒体上传输的比特流；在接收方，把其他网络设备通过物理介质传输过来的数据，拆包（去掉帧头和帧尾）重组成本地设备可以处理的数据。

2）具备串并转换功能。计算机内部数据是并行传输的，而通过物理介质传输的是串行比特流。

3）缓存功能。网卡上固化有控制软件，可控制主机和物理介质之间的数据流，以防止数据传输丢失。

2. 网桥

网桥（也叫桥接器）是工作在数据链路层的一种网络互连设备。一个网络的物理连线距离虽然在规定范围内，如果负荷很重，可用网桥把它分隔成两部分，即分成网段 1 和网段 2。因为网桥具有"过滤帧"的功能，数据通过时，网桥将检查帧的物理发送地址和物理目的地址，如果这两个地址都在网段 1 内，这个帧就不会被发送到网桥另一半的网段 2，从而达到降低整个网络通信负荷的目的。

网桥的工作原理是依据 MAC 地址和网桥交换表实现帧的路径选择。网桥刚启动时，这个交换表是空的，当某一结点传送的数据通过网桥时，如果该 MAC 地址不在交换表中，网桥会自动记下其地址及对应的网桥端口号。通过这样一个"学习"过程，可建立起一张完整的网桥交换表。

网桥的操作既需要硬件也需要软件，最简单的网桥可借助于网卡通过软件实现。随着网络技术的发展，网桥已逐渐被交换机所取代。

3. 交换机

交换机也是工作在数据链路层的网络互连设备。交换机的种类很多，如以太网交换机、FDDI 交换机、帧中继交换机、ATM 交换机和令牌环交换机等，图 3-16 给出了以太网交换机的产品实例。

图 3-16 交换机

交换机也叫交换式集线器，是一个由许多高速端口组成的设备。交换机实际上是由

网桥发展而来的，工作原理与网桥相似，通过不断
学习，在交换机内存中建立起一张 MAC 地址和端
口号的关联表，如表 3-2 所示，因此，交换机也称
为多端口网桥。交换机根据帧中的目标 MAC 地址，
将各个帧交换到正确的端口，如图 3-17 所示，如果
一个目标 MAC 地址是结点 A 的数据帧进入交换机，
则转发到端口 1，如果一个目标 MAC 地址是结点 E
的数据帧进入交换机，则转发到端口 9。

表 3-2　交换机内存中的关联表

数据帧要去往的 MAC 地址	交换机端口
MACA	1
MACB	1
MACD	4
MACE	9
MACF	11

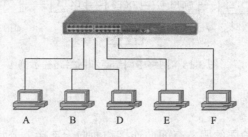

图 3-17　交换式网络

　　若交换机同时收到多个数据帧，但它们的输出端口不同，交换机则会建立多条
连接，在这些连接上同时转发各自的帧，从而实现数据并发传输。因此，交换机是
并行工作的，它可以同时支持多个信源和信宿端口之间的通信，从而大大提高数据
转发的速度。

　　交换机从外表上看与集线器非常相似，区别在于：交换机基于 MAC 地址向特定端
口转发数据帧，而集线器是向所有端口广播发送数据帧；前者是独享带宽，后者是共享
带宽。例如，有一台 100Mb/s 的集线器，连接了 N 台主机，则 N 台主机共享 100Mb/s
带宽，每台主机所分配到的带宽只有（100/N）Mb/s；而对于一台 100Mb/s 的交换机，
每个端口的带宽均为 100Mb/s，即每台主机均可获得 100Mb/s 的带宽。因此，在交换机
问世后，网桥已逐渐退出了网络互连设备的市场。

3.5　网　络　层

3.5.1　网络层的功能

　　网络层处于 OSI 参考模型中的第 3 层，是通信子网的最高层。网络层体现的是网络
应用环境中资源子网访问通信子网的方式。

　　网络层的主要任务是设法将源结点发出的数据包传送到目的结点，从而向传输层提
供最基本的端到端的数据传送服务。此时，大家一定会有疑问，在数据链路层已经能够
利用物理层提供的比特流传输服务来实现相邻结点之间的可靠数据传输了，为什么还要
在数据链路层之上有一个网络层呢？问题就在于这一传送任务与数据链路传输是不一
样的：数据链路层涉及的是两个"相邻"结点之间的通信，仅解决数据帧从物理介质的
一端送到另一端的问题，而网络层提供的是不相邻的源和目标之间的透明传输。如

图 3-18 所示，源主机 DTE1 和 DCE1 为相邻结点，而 DCE1 则分别与 DCE4、DCE3、DCE2 为相邻结点，数据链路层能够解决这些相邻结点之间的数据传输。如果要从源主机到目标主机 DTE2，则要历经许多中间结点，此时，当 DCE1 接收到从 DTE1 传送过来的数据后，马上就面临着是从 DCE4 还是从 DCE3 或者是从 DCE2 走。因此，提供合适的网间路由选择和中间结点的数据交换服务也是网络层的任务之一。概括地说，网络层应该具有以下功能。

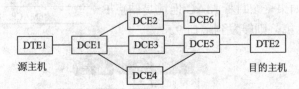

图 3-18　网络中间结点和网络路径示例

1. 为传输层提供服务

网络层提供给传输层的服务有面向连接和面向无连接之分。所谓面向连接就是指在数据传输之前双方需要为此建立一种连接，然后在该连接上实现有次序的分组传输，直到数据传送完毕连接才被释放。面向无连接则不需为数据传输事先建立连接，其只提供简单的源和目标之间的数据发送与接收功能。

2. 组包与拆包

在网络层，数据传输的基本单位是数据包（也称为分组）。在发送方，传输层的报文到达网络层时被分成多个数据块，在这些数据块的头部和尾部加上一些相关控制信息后，即组成了数据包（组包），数据包的头部包含源结点和目标结点的网络地址。在接收方，数据从低层到达网络层时，要将各数据包原来加上的包头和包尾等控制信息去掉（拆包），然后组合成报文，传送给传输层。

3. 路由选择

路由选择也叫路径选择，是根据一定的原则和路由选择算法在多结点的通信子网中选择一条最佳路径，如图 3-18 所示的从 DTE1 到 DTE2。确定路由选择的策略称为路由算法。

4. 流量控制

流量控制的作用是控制"堵塞"或"拥挤"现象，避免死锁。

网络的吞吐量（数据包数量/秒）与通信子网负荷（即通信子网中正在传输的数据包数量）有着密切的关系。当通信子网负荷比较小时，网络的吞吐量随网络负荷（每个结点中数据包的平均数）的增加而线性增加，当网络负荷增加到某一值后，若网络吞吐量反而下降，则表明网络中出现了堵塞或拥挤现象。在一个出现了堵塞现象的网络中，数据包将会不停地被重传，从而使通信子网的有效吞吐量下降。由此引起恶性循环，使通信子网的局部甚至全部处于死锁状态，最终导致网络有效吞吐量为零。

通常采用滑动窗口、预约缓冲区、许可证和分组丢弃 4 种方法来避免死锁现象。

3.5.2 网络层的网络互连设备

1. 路由器

路由器是因特网的主要结点设备,是不同网络之间互相连接的枢纽。

路由器工作在 OSI 模型的网络层,是根据数据包中的逻辑地址(网络地址)而不是 MAC 地址来转发数据包的。因此,路由器可以连接物理层和数据链路层不同、但网络层使用相同寻址机制的网络。路由器可用于 LAN 与 LAN、LAN 与 WAN 或 WAN 与 WAN 之间的连接,如图 3-19 所示。

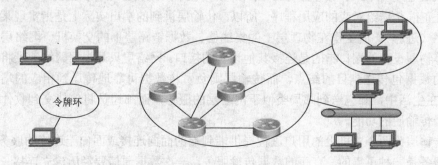

图 3-19　通过路由器互连的网络

路由器的主要功能就是为经过路由器的每个数据分组选择一条最佳传输路径,并将该数据分组有效地传送到目的站点。由此可见,选择最佳路径的策略即路由算法是路由器的关键所在。为了完成这项工作,在路由器的内存中也存有一张表,称为路由表。路由表中保存着子网的标志信息、网上路由器的个数和下一个路由器的名字等内容。路由表可以由系统管理员固定设置好,也可以由系统动态修改;可以由路由器自动调整,也可以由主机控制。

路由器不仅有网桥的全部功能,还具有路径的选择功能,可根据网络的拥塞程度,自动选择适当的路径传送数据。路由器通过数据包中的目标地址,从物理上和逻辑上对网络进行分隔:如果数据包地址指示的目标在同一个子网内,路由器就把数据流限制在那个子网;如果数据包的目标地址在另一个子网,路由器则把数据包发送到与目标对应的物理端口上。即用路由器隔开的网络具有不同的网络地址。

路由器有静态路由和动态路由之分。静态路由器需要管理员来修改所有的网络路由表,一般只用于小型的网间互连;而动态路由器能根据指定的路由协议来完成修改路由器的信息。

2. 第三层交换机

随着技术的发展,有些交换机也具备了路由的功能。这些具有路由功能的交换机要在网络层对数据包进行操作,因此被称为第三层交换机。

3.6 传 输 层

3.6.1 传输层的概念

传输层的主要功能是在两个端系统之间，提供建立、维护和取消传输连接的功能，负责端到端的可靠数据传输。这一数据传输和网络层的数据传输是不一样的，举一个生活中常见的例子，如果要将一封信送到收信人手中，仅提供收信地点是不够的，因为同一地点可能有许多人，所以还必须知道收信人。计算机网络通信也是如此，数据包到达指定的主机后，还必须将它交给相应的应用程序。主机中可能会同时运行多个应用程序（如 WEB 服务器、FTP 服务器等），因此，数据包中的报文必须有相应的标识（端口号），以保证正确传送给对应的应用程序。所以，传输层讲到的端口实际上是指实现某种服务的程序（进程），而工作在物理层上的集线器、数据链路层上的交换机、网络层上的路由器等物理设备的端口指的是连接其他设备的接口。网络层只是根据网络地址将源结点发出的数据包传送到目的结点，而传输层则负责将数据可靠地传送到相应的端口（进程）。在生活中，邮包送到邮局类似于网络层的服务，而邮递员将信件交到收件人手中类似于传输层的功能。

传输层为两个主机上的用户进程提供端到端的面向连接或面向无连接的服务。面向连接服务是一种可靠的、有序的数据传输服务，一次数据通信要经历建立连接、数据传输和拆除连接等三个阶段，其可靠性是以较大的通信开销为代价，这类传输层协议有 TCP（Transmission Control Protocol）和 SPX（Sequenced Packet eXchange）等。面向无连接服务是一种不可靠的数据传输服务，为用户进程提供一种简单而快捷的通信机制，这类传输层协议有 UDP（User Datagram Protocol）等。传输层是在网络层所提供服务的基础上为两个主机上的用户进程提供一种通信机制，而网络层服务则是面向通信子网的。

传输层屏蔽了各种通信子网接口的差异和某些缺陷，为应用程序提供一种统一的和可靠的编程接口，网络应用程序可采用标准的应用编程接口（API）来编写，如套接字接口等。在 OSI 参考模型的七层结构中，传输层起着承上启下的作用，所以有人将七层结构分成两大部分：把 1～4 层看成是传输服务提供者，把 5～7 层看成是传输服务用户。通过传输层，传输服务提供者可以为传输服务用户提供更加可靠的数据传输服务。

目前，常用的传输层协议有 TCP 和 UDP 协议，其中 TCP 协议被广泛应用。本节主要介绍传输层协议的基本概念和功能。

如图 3-20 所示，要完成从源主机 DTE1 到目标主机 DTE2 的数据传输，首先源主机 1 将数据发送给通信子网的结点 DCE1，沿结点 DCE3、DCE5 进行传输，最后通过 DCE5 将数据传送给目标主机 DTE2 中的某一程序（进程）。对通信子网而言，结点 DCE1 是源结点，结点 DCE5 是目的结点。

OSI 模型 1～4 层的控制对象如下。

1）物理层负责相邻两点之间的比特流传输，即端点 DTE1←→DCE1、DCE1←→DCE3、DCE3←→DCE5、DCE5←→端点 DTE2。

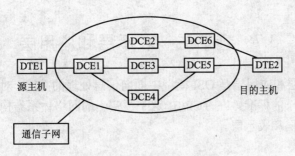

图 3-20   网络中通信示意图

2）数据链路层负责相邻两点之间的数据传输，即端点 DTE1←→DCE1、DCE1←→DCE3、DCE3←→DCE5、DCE5←→端点 DTE2。

3）网络层根据网络地址，负责源结点 DCE1 到目的结点 DCE5 之间的数据包传输。

4）传输层根据端口号，负责端点 DTE1 到端点 DTE2 之间的报文传输，在传输层，信息传送的协议数据单元称为段或报文。

3.6.2 传输层的功能

传输层提供了主机应用程序之间的端到端的服务，基本功能如下。

1．分割与重组数据

在发送方，传输层将会话层来的数据分割成较小的数据单元，并在这些数据单元的头部加上一些相关控制信息后形成段或报文，报文的头部包含源端口号和目标端口号。在接收方，数据经通信子网到达传输层时，要将各报文原来加上的报文头等控制信息去掉（拆包），然后按照正确的顺序进行重组，还原为原来的数据，送给会话层。

2．按端口号寻址

端点是与网络地址对应的，但是同一端点上可能有许多个应用程序进程，它们在同一时间内都在进行通信。例如，一个用户正在向某一服务器上传文件，另一个用户则可能正在使用该服务器的邮件服务。传输层通过端口号寻址端点上的进程，并使用多路复用技术处理多端口同时通信的问题。

3．连接管理

面向连接的传输服务要负责建立、维持和释放连接。

4．差错处理和流量控制

传输层要向会话层提供通信服务的可靠性，避免报文的出错、丢失、延迟时间紊乱、重复和乱序等差错，因此要提供端到端的差错控制。此外，为了避免接收方缓冲区溢出，传输层还具有流量控制的作用，以控制发送端口的速率，使其不超过接收端口所能承受的能力。滑动窗口技术是常用的流量控制方法。

3.7　会话层、表示层和应用层

会话层、表示层和应用层是 OSI 模型中面向信息处理的高层，对这 3 层的功能实现目前还没有形成统一的标准。在 TCP/IP 这个事实上的网络体系结构中，高层只有应用层，没有设置会话层和表示层。

3.7.1　会话层

会话层也称为对话层或会晤层，该层利用传输层提供的服务，组织和同步进程间的通信，提供会话服务、会话管理和会话同步等功能。

会话层不参与具体的数据传输，仅提供包括访问验证和会话管理在内的建立和维护应用程序间通信的机制，如服务器验证用户登录便是由会话层完成的。用通俗的语言说，会话层就是会话开始、结束以及达成一致会话规则的地方。

会话层是面向信息处理的 OSI 高层和面向数据通信的 OSI 低层的接口。它利用传输层提供的端到端数据传输服务，具体实施服务请求者与服务者之间的通信。会话层还给合作的用户间的对话和活动提供组织和同步所必需的手段，对数据传送提供控制和管理，具体功能如下。

1）提供会话双方之间的会话连接的建立、释放，以及进行数据传送的功能。

2）管理会话双方的对话活动，主要是对在数据传送、同步控制、会话连接释放时所必需的令牌管理及单工、半双工或全双工数据传送方式的设定。

3）在数据传送流中插入适当的同步点，当发生差错时会话用户可以从双方同意的开始点重新开始。

4）在适当的时候中断一个对话，并在经过一段时间后在其已预先定义好的同步点上重新开始对话。

会话层把所有的会话服务划分为逻辑分组，每个逻辑分组作为基本交换单位。共有12 个会话功能单位，不同的系统可根据各自系统的要求，选用不同的功能单位，合理地组织成不同的会话服务子集。

3.7.2　表示层

表示层主要处理流经端口的数据代码的表示方式问题，主要包括如下服务。

1. 数据表示

解决数据的语法表示问题，如文本、声音、图形图像表示，即确定数据传输时的数据结构，例如，用 TIFF（Tagged Image File Format）或 JPEG（Joint Photographic Exterts Group）格式表示图像，用 MPEG（Motion Picture Experts Group）格式表示视频等。

2. 语法转换

为使各个系统间交换的数据具有相同的语义，应用层采用的是对数据进行一般结构描述的抽象语法，如使用 OSI 提出的抽象语法标记 ASN.1。表示层为抽象语法指定一种编码规则，便构成一种传输语法。

由于不同的系统有各自的数据表示方法，如 IBM 大型机广泛使用 EBCDIC 码，而大多数个人计算机则使用 ASCII 码，如果直接通信，数据表示方法的不同将导致接收的数据含义不同。为了使通信双方都能彼此理解对方数据的含义，表示层要提供语法转换功能，即对数据表示方式进行转换：在发送端对抽象语法的数据进行编码，使之形成一种标准表示形式的比特流，传输到目的端点后再进行解码。

语法转换的内容除了代码转换、字符转换、数据格式修改之外，还涉及数据的压缩和解压缩、加密和解密等。例如，表示层通过对数据进行加密与解密，即使窃取了通信信道，也无法得到机密信息、更改传输的信息或者在信息流中插入假消息。

3. 语法选择

传输语法与抽象语法之间是多对多的关系，即一种传输语法可对应于多种抽象语法，而一种抽象语法也可对应于多种传输语法。所以传输层应能根据应用层的要求，选择合适的传输语法传送数据。

4. 连接管理

利用会话层提供的服务建立表示连接，并管理在这个连接之上的数据传输和同步控制，以及正常或异常地释放这个连接。

3.7.3 应用层

应用层是 OSI 参考模型的最高层，是用户与网络的接口。应用层通过支持不同应用协议的程序来解决用户的应用需求，如文件传输、远程操作和电子邮件服务等。

应用层的内容取决于用户的需求，即用户可自行决定运行哪些程序、使用哪些协议。例如下载文件，既可以登录到使用文件传输协议的文件服务器上下载，也可以访问使用超文本文件传输协议的 Web 服务器，通过"目标另存为"的方式下载。

但是，由于目前 OSI 七层模型只是起到参考模型的作用，所以并没有实际的网络应用是按照上述协议实现的。而 TCP/IP 的应用层却相反，拥有许多主流的应用层协议和基于这些协议实现的 TCP/IP 应用。

3.8 TCP/IP 参考模型

3.8.1 TCP/IP 参考模型简介

TCP/IP 参考模型是先于 OSI 参考模型开发的，故并不符合 OSI 标准。TCP/IP 模型是于 1974 年首先定义的，而设计标准的制定则在 20 世纪 80 年代后期完成。TCP/IP 实际上是一组协议，是当前因特网所使用的最流行的网络"标准"，虽然它并不是国际标准，但由于由它所构成的系统经过时间的考验，日臻成熟，基于这个协议的网上应用量大且面广，所以这些年来，它已经成为事实上的国际标准。

构成 TCP/IP 的协议有很多，传输层的 TCP 协议、网际互连层的 IP 协议和许多别的协议共同构成了 TCP/IP 协议簇。其中最重要的两个核心协议是 TCP 协议与 IP 协议。

基本 TCP/IP 的体系结构只有 4 层，从下到上分别是网络接口层、网际互连层、传输层和应用层，与 ISO 的 OSI 参考模型相比，TCP/IP 协议结构更为简单，两者之间的对应关系如图 3-21 所示。

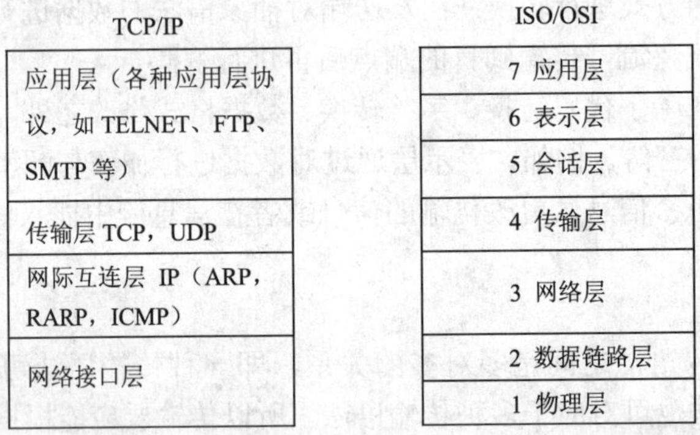

TCP/IP	ISO/OSI
应用层（各种应用层协议，如 TELNET、FTP、SMTP 等）	7 应用层
	6 表示层
	5 会话层
传输层 TCP，UDP	4 传输层
网际互连层 IP（ARP，RARP，ICMP）	3 网络层
网络接口层	2 数据链路层
	1 物理层

图 3-21　OSI 参考模型与 TCP/IP 参考模型的比较

TCP/IP 协议簇中各部分的含义如下。

1）IP（Internet Protocol）：网际协议，提供无连接的数据报传输和路由服务。

2）ARP（Address Resolution Protocol）：地址解析协议，用于查找与给定 IP 地址相对应的物理地址。

3）RARP（Reverse Address Resolution Protocol）：反向地址解析协议，用于解决物理地址到 IP 地址的转换问题。

4）ICMP（Internet Control Message Protocol）：因特网控制报文协议，用于对 IP 数据报的传送进行差错控制，对未能完成传送的数据报给出差错原因。

5）TCP（Transmission Control Protocol）：传输控制协议，提供的是一种可靠的面向连接的数据传输服务。

6）UDP（User Datagram Protocol）：用户数据报协议，提供的是无连接的不可靠的传输数据服务。

7）HTTP（Hypertext Transfer Protocol）：超文本传输协议，用于从 WWW 服务器传输超文本文件到本地浏览器。

8）FTP（File Transfer Protocol）：文件传输协议，用来在两台计算机之间进行有关文件传输的相关操作。

9）TELNET：远程登录协议，使用该协议可登录到远程主机上，使本地机暂时成为远程主机的一个仿真终端。

10）SMTP（Simple Mail Transfer Protocol）：简单邮件传送协议，提供发送电子邮件服务。

11）DNS（Domain Name Service）：域名服务协议，用于实现域名和 IP 地址之间的双向转换。

3.8.2　TCP/IP 参考模型的发展

ARPANET 是最早出现的计算机网络之一，现代计算机网络的很多概念与方法都是从它的基础上发展起来的。美国国防部高级计划局（ARPA）提出 ARPANET 研究计划的目的，是希望网络必须经受得住故障的考验而维持正常的工作，一旦发生战争，当网络的某一部分因遭受攻击而失去工作能力时，网络的其他部分应能维持正常的通信工作。同时，希望适应从文件传送到实时数据传输的各种应用需求。因此，它要求一种灵活的网络体系结构，实现异型网络的互连与互通。

最初 ARPANET 使用的是租用线路，当卫星通信系统与通信网发展起来之后，ARPANET 最初开发的网络协议在通信可靠性较差的通信子网中使用时出现了不少问题，这就导致了新的网络协议 TCP/IP 的出现。虽然 TCP/IP 协议并不是 OSI 标准，但它们是目前最流行的商业化的协议，并被公认为当前的工业标准或"事实上的标准"。在 TCP/IP 协议出现后，出现了 TCP/IP 参考模型。1974 年，Kahn 定义了最早的 TCP/IP 参考模型。1985 年，Leiner 等人进一步对它开展了研究。1988 年，Clark 在参考模型出现后对其设计思想进行了讨论。

因特网上的 TCP/IP 协议之所以能够迅速发展，不仅因为它是美国军方指定使用的协议，更重要的是它恰恰适应了世界范围内的数据通信的需要。TCP/IP 协议具有以下几个特点。

1）开放的协议标准，可以免费使用，并且独立于特定的计算机硬件与操作系统。

2）独立于特定的网络硬件，可以运行在局域网和广域网，更适合用于因特网中。

3）统一的网络地址分配方案，使得整个 TCP/IP 设备在网中都拥有唯一的地址。

4）标准化的高层协议，可以提供多种可靠的用户服务。

3.8.3　TCP/IP 参考模型各层的主要功能

1. 网络接口层

网络接口层是 TCP/IP 模型的第 1 层，其主要功能是将数据从主机送到网络上。与邮政系统类比，从主机到网络中的比特流传输相当于信件的运送。

网络接口层在发送端将上层的 IP 数据报封装成帧后发送到网络上，数据帧通过网络到达接收端时，该结点的网络接口层对数据帧拆封，并检查帧中包含的 MAC 地址。如果该地址就是本机的 MAC 地址或者是广播地址，则上传到网络层，否则丢弃该帧。

2. 网际互连层

网际互连层是 TCP/IP 参考模型中的第 2 层，对应于 OSI 参考模型的网络层，其主要功能是解决主机到主机的通信问题，以及建立互连网络。网间的数据报可根据它携带的目的 IP 地址，通过路由器由一个网络传送到另一个网络。与邮政系统类比，相当于一封国际邮件，发信人只需将收信人地址写好并投递到邮箱，然后后面的工作就由邮政系统进行处理，至于如何做，邮政系统都有一套标准和步骤，最后信件到达收信人手中。

3. 传输层

传输层位于 TCP/IP 参考模型中的第 3 层，其功能是提供不同服务等级、不同可靠性保证的传输服务，协调发送端和接收端之间的传输速率差异。如果说网络接口层、网际互连层分别类似于信件运送、信件运送航线的选择，那么传输层相当于邮局对信件的处理环节，根据客户的要求和所付的邮资来决定提供什么样的服务，并与航空港之间进行邮件传递。

4. 应用层

应用层位于 TCP/IP 参考模型中的第 4 层，对应于 OSI 参考模型的高层，为用户提供所需要的各种服务，例如，目前广泛采用的 HTTP、FTP、TELNET 等是建立在 TCP/IP 协议之上的应用层协议。

和邮局系统类比，就像发件人将信件放进邮筒一样，网络操作者只需在应用程序中按下发送数据的按钮，其余的任务都由应用层以下的层完成。

3.9 OSI 参考模型与 TCP/IP 参考模型的比较

3.9.1 对 OSI 参考模型的评价

OSI 参考模型与 TCP/IP 参考模型的共同之处是它们都采用了层次结构的概念，在传输层中二者定义了相似的功能。但是，二者在层次划分与使用的协议上是有很大区别的。

无论是 OSI 参考模型与协议，还是 TCP/IP 参考模型与协议都不是完美的，对二者的评论与批评都很多。在 20 世纪 80 年代几乎所有专家都认为 OSI 参考模型与协议将风靡世界，但事实却与人们预想的相反。

造成 OSI 参考模型与协议不能流行的原因之一是模型与协议自身的缺陷。大多数人都认为 OSI 参考模型的层次数量与内容可能是最佳的选择，其实并不是这样的。会话层在大多数应用中很少用到，表示层几乎是空的。在数据链路层与网络层有很多的子层插入，每个子层都有不同的功能。OSI 参考模型将"服务"与"协议"的定义结合起来，使得参考模型变得格外复杂，实现它是困难的。同时，寻址、流量控制与差错控制在每一层里都重复出现，必然要降低系统效率。关于数据安全性、加密与网络管理等方面的问题也在参考模型的设计初期被忽略了。有人批评参考模型的设计更多是被通信的思想所支配，很多选择不适合计算机与软件的工作方式。很多"原语"在软件的很多高级语言中实现起来是容易的，但严格按照层次模型编程的软件效率很低。尽管 OSI 参考模型与协议存在着一些问题，但至今仍然有不少组织对它感兴趣，尤其是欧洲的通信管理部门。

3.9.2 对 TCP/IP 参考模型的评价

TCP/IP 参考模型与协议也有它自身的缺陷。

1）在服务、接口与协议上的区别不清楚。一个好的软件工程应该将功能与实现方法区分开，TCP/IP 恰恰没有很好地做到这点，这就使得 TCP/IP 参考模型对于使用新技术的指导意义不够。TCP/IP 参考模型不适合其他非 TCP/IP 协议族。

2）TCP/IP 的网络接口层本身并不是实际的一层，它定义了网络层与数据链路层的接口。物理层与数据链路层的划分是必要和合理的，一个好的参考模型应该将它们区分开，而 TCP/IP 参考模型却没有做到这点。

但是，自从 TCP/IP 协议在 20 世纪 70 年代诞生以来已经经历了 20 多年的实践检验，其成功已经赢得了大量的用户和投资。TCP/IP 协议的成功促进了因特网的发展，因特网的发展又进一步扩大了 TCP/IP 协议的影响。TCP/IP 首先在学术界争取了一大批用户，同时也越来越受到计算机产业界的青睐。IBM、DEC 等大公司纷纷宣布支持 TCP/IP 协议，局域网操作系统 NetWare、Lan Manager 争相将 TCP/IP 纳入自己的体系结构，数据库 Oracle 支持 TCP/IP 协议，UNIX、POSIX 操作系统也一如既往地支持 TCP/IP 协议。相比之下，OSI 参考模型与协议显得有些势单力薄，人们普遍希望网络标准化，但 OSI 迟迟没有成熟的产品推出，妨碍了第三方厂家开发相应的硬件和软件，从而影响了 OSI 产品的市场占有率与今后的发展。

3.9.3　一种推荐的参考模型

无论是 OSI 还是 TCP/IP 参考模型与协议都有它成功的一面和不成功的一面。国际标准化组织 ISO 本来计划通过推动 OSI 参考模型与协议的研究来促进网络的标准化，但事实上这个目标没有达到。TCP/IP 利用正确的策略，抓住了有利的时机，伴随着因特网的发展而成为目前公认的工业标准。在网络标准化的进程中，面对的就是这样一个事实。OSI 参考模型由于要照顾各方面的因素，使 OSI 参考模型变得大而全，效率很低。尽管这样，它的很多研究结果、方法，以及提出的概念对今后网络的发展还是有很高的指导意义，但是它没有流行起来。TCP/IP 协议应用广泛，但它的参考模型的研究却很薄弱。为了保证计算机网络体系的科学性与系统性，这里推荐一种层次参考模型。这是一种只包括 5 层的参考模型，它与 OSI 参考模型相比少了表示层与会话层，并且用数据链路层与物理层取代了网络接接口层，如图 3-22 所示。

图 3-22　一种推荐的参考模型

小　结

网络的层次结构模型与各层协议和层间接口的集合统称为网络体系结构。

两个著名的体系结构是 ISO 提出的 OSI 参考模型和既成事实的 TCP/IP 参考模型。OSI 参考模型分为 7 层，TCP/IP 参考模型分为 4 层。

OSI 参考模型中，物理层定义了相关物理连接的技术规范。数据链路层规定了物理地址、网络拓扑结构、错误警告机制、所传输数据帧的排序和流量控制等。网络层可以根据网络层的地址来获得从源主机到目的主机的路径。传输层保证数据的可靠传输。会话层协调不同主机应用程序发出的业务请求和应答。表示层保证相邻层信息的传输。应用层处于参考模型的最高层，它为用户提供相关的服务。

物理层使用的网络连接设备是中继器和集线器，数据链路层使用的是网卡、网桥和交换机，网络层使用的是路由器和第三层交换机。

思考与练习

一、填空题

1. 从低到高依次写出 OSI 的七层参考模型中的各层名称_____、_____、_____、_____、_____、_____和_____。

2. _____组织制定了 OSI 参考模型。

3. 物理层是 OSI 分层结构体系中最重要、最基础的一层。它是建立在通信媒体基础上的，实现设备之间的_____接口。

4. 物理层不负责传输的_____和_____任务。

5. 物理层所关心的是如何把通信双方连起来，为数据链路层实现_____的数据传输创造环境。

6. 帧同步是指接收方应当从收到的_____中准确地区分帧的起始与终止。在数据链路层，数据的传送单位是帧，其目的之一就是为使传输中发生_____后只将有错的有限数据进行重发。

7. 在数据链路层中，由于数据是以帧为单位一帧一帧地传输，因此，当接收方识别出某一帧出现错误时，只需重发此_____而不必将_____进行重发。

二、选择题

1. OSI 开放系统模型是_____。
   A. 网络协议软件   B. 应用软件
   C. 强制性标准   D. 自愿性的参考标准

2. 当一台计算机向另一台计算机发送文件时，下面的哪个过程正确描述了数据包的转换步骤_____。
   A. 数据、数据段、数据包、数据帧、比特
   B. 比特、数据帧、数据包、数据段、数据
   C. 数据包、数据段、数据、比特、数据帧
   D. 数据段、数据包、数据帧、比特、数据

3. OSI 的物理层不是_____。
   A. 建立在通信媒体基础上的，实现设备之间的物理接口
   B. 连接计算机的具体的物理设备或传媒体
   C. 物理媒体之上的，为上一层（数据链路层）提供一个传输原始比特流的物理连接
   D. 在物理信道实体之间合理地通过中间系统，激活和保持比特传输所需的物理连接

4. 物理层的功能之一是_____。
   A. 实现实体间的按位无差错传输
   B. 向数据链路层提供一个非透明的位传输

C. 向数据链路层提供一个透明的位传输

D. 在 DTE 和 DTE 间完成对数据链路的建立、保持和拆除操作

5. 关于数据链路层的叙述正确的是_____。

    A. 数据链路层协议是建立在无差错物理连接基础上的

    B. 数据链路层是计算机到计算机间的通路

    C. 数据链路上传输的一组信息称为报文

    D. 数据链路层的功能是实现系统实体间的可靠、无差错数据信息传输

6. 数据链路层位于 OSI 参考模型的第_____层。

    A. 1   B. 2   C. 3   D. 4

7. 数据链路层的信息单位是_____。

    A. 位   B. 帧   C. 报文   D. 分组

8. HDLC 帧格式的数据信息段是由_____构成。

    A. 8 位   B. 16 位   C. 32 位   D. 任意长

9. 数据链路层的功能不包括_____。

    A. 数据转换   B. 链路管理   C. 差错控制   D. 流量控制

10. 数据链路层流量控制的目的是_____。

    A. 避免阻塞的发生   B. 避免阻塞和在发生阻塞情况下解除阻塞

    C. 避免差错的产生   D. 纠正错误

11. 物理地址也称为_____。

    A. 二进制地址   B. 八进制地址

    C. MAC 地址   D. TCP/IP 地址

12. 网络接口卡位于 OSI 参考模型的_____。

    A. 数据链路层   B. 物理层   C. 传输层   D. 表示层

13. 网络层_____。

    A. 属于资源子网   B. 是通信子网的最高层

    C. 是通信子网的最底层   D. 是使用传输层服务的层

14. 网络层不能解决的问题是_____。

    A. 流量控制   B. 路径选择

    C. 为传输层提供服务   D. 报文的差错控制

15. 下列关于路由器的描述错误的是_____。

    A. 在有多条路径存在的情况下，路由器要负责进行路由选择

    B. 路由器可有效地控制网络流量

    C. 路由器可以建立路由表

    D. 路由器通常用来分割冲突域

16. OSI 参考模型的_____支持网页浏览、文件传输和电子邮件。

    A. 应用层   B. 表示层   C. 会话层   D. 传输层

17. 下面关于 TCP/IP 参考模型的描述错误的是_____。

    A. 它是计算机网络互连的事实标准

    B. 它是因特网发展过程中的产物

  C. 它是 OSI 参考模型的前身

  D. 它是与 OSI 参考模型相当的网络标准

18. TCP/IP 协议模型由_____组成。

  A. 应用层、传输层、网际层、网络接口层

  B. 应用层、传输层、网际层、物理层

  C. 应用层、TCP 层、IP 层、数据链路层

  D. 传输层、网络层、数据链路层、接口层

19. SMTP 是_____。

  A. 简单邮件传递协议　　　　　　B. 简单网络管理协议

  C. 分组话音通信协议　　　　　　D. 地址解析协议

三、简答题

1. 什么是网络体系结构？

2. 网络体系结构分层的原则是什么？

3. 简述网络协议的 3 要素。

4. 试画出 OSI 参考模型的层次结构，并简述各层的基本功能。

5. 简单描述 OSI 模型中各层数据单位有什么不同？

6. 简单比较 OSI 模型中数据链路层、网络层和传输层地址的概念有什么区别？

7. 数据链路层流量控制的主要功能是什么？

8. 简述 3 种流量控制的主要区别。

9. 简述 HDLC 协议的 3 种帧类型的异同。

10. 描述 TCP/IP 模型。

11. 比较 OSI 和 TCP/IP 模型的区别及联系。

◆ 实　训

项目　利用物理层协议实现两台计算机互连

【实训目的】

1. 理解 OSI 物理层的含义及功能

  知识点：OSI 参考模型采用了七层体系结构，分别为物理层、数据链路层、网络层、传输层、会话层、表示层和应用层。各层有各层的功能，物理层主要负责提供并维护线路，检测处理争用冲突。这一层关注的问题大都是机械接口、电气接口、规程接口以及物理层以下的物理传输介质。

2. 掌握两台计算机互连的通信线路的连接方法

  知识点：两台计算机互连的方法有很多种，最为简单的一种方法就是双机直接电缆连接，也称为串、并口连接。串、并口连接就是人们常说的串口 COM1 或 COM2 插座

与并行接口 LPT 插座用一条标准的 RS-232 通信线缆连接，再通过联网的软件命令就可实现共享硬盘上的信息，如图 3-23 所示。

图 3-23 两台计算机互连

3. 学会使用 RS-232 连接方法

（1）串口电缆线的排线顺序

由于串口有 9 针和 25 针两种类型。因此，其接头的排线顺序有 4 种，即 9 针对 9 针、25 针对 25 针、9 针对 25 针以及 25 针对 9 针，因为各针的功能各不相同，如表 3-3 所示，所以在实际连接中，每根线的功能要相对应。排线顺序如表 3-4～表 3-6 所示。由于计算机串口和并口的通信速度不同，因此，电缆两端的接口类型必须统一，只能是串口对串口，并口对并口，而不能将串口和并口混连。

表 3-3 RS-232 接口引脚定义

9针连接器	5针连接器	信号名称	缩写	分类
3	2	传输数据	TXD	数据
2	3	接收数据	RXD	数据
7	4	请求发送	RTS	控制
8	5	清除发送	CTS	控制
6	6	数据设置就绪	DSR	控制
1	8	载波检测	DCD	控制
4	20	数据终端就绪	DTR	控制
9	22	振铃指示	RI	控制
5	7	地信号	GND	电子

表 3-4 9 针串口对 9 针串口

A机9针串口	连接到	B机9针串口
第2针	→	第3针
第3针	→	第2针
第4针	→	第6针
第5针	→	第5针
第6针	→	第4针
第7针	→	第8针
第8针	→	第7针

表 3-5 25 针串口对 25 针串口

A机25针串口	连接到	B机25针串口
第2针	→	第3针
第3针	→	第2针
第4针	→	第5针
第5针	→	第4针
第6针		第20针
第7针	→	第7针
第20针	→	第6针

表 3-6 9 针串口对 25 针串口

A机9针串口	连接到	B机25针串口
第2针	→	第2针
第3针	→	第3针
第4针	→	第6针
第5针	→	第7针
第6针		第20针
第7针	→	第5针
第8针	→	第4针

（2）并口电缆线的排线顺序

并口电缆线的排线顺序如表 3-7 所示。

表 3-7　25 针并口对 25 针并口

A 机 25 针并口	连接到	B 机 25 针并口
第 2 针	→	第 15 针
第 3 针	→	第 13 针
第 4 针	→	第 12 针
第 5 针	→	第 10 针
第 6 针	→	第 11 针
第 10 针	→	第 5 针
第 12 针	→	第 4 针
第 13 针	→	第 3 针
第 15 针	→	第 2 针

4. 通过实训，锻炼学生的动手能力，提高学生的学习热情

（略。）

【实训环境】

1）两对 RS-232 插头，一根电缆线（长度能够连接两台计算机为宜）。

2）一把电烙铁，焊锡和焊油。

3）一只万用表，钳子和剪刀等。

【实训内容与步骤】

1. 电缆制作

1）将电缆两头用剥线钳将外部橡胶皮剥开 2cm，注意不要将里面的细线割破，以免断路。

2）把电烙铁插入电源插座预热 10min 左右。

3）检查计算机上串口插头要和将焊接的插头配对，即计算机上的串口若是针状，则要焊接的插头应是孔状。

4）分别将细线焊接在 RS-232 插头上，连接方法及各针角的定义参见表 3-4、3-5 和 3-6。在焊另一头时，一定要注意焊接顺序和另一头不一样，因 A 计算机的输出刚好是 B 计算机的输入。

5）两端电缆焊接好后，用万用表再次检查线路是否接对，如接错则应重新焊接，直到接对为止。

6）将做好的 RS-232 电缆插头分别插到计算机的串口上，用螺丝刀拧紧（注意，一定不要带电操作，要关掉电源）。

7）硬件连接完成后，分别将两台计算机加电，进入 Windows 系统，设置系统驱动程序。

2. Windows 98 系统中直接电缆连接设置

1）单击"开始"→"设置"→"控制面板"选项，弹出"控制面板"窗口。在"控

制面板"窗口中双击"添加/删除程序"图标,弹出"添加/删除程序 属性"对话框,选择"Windows 安装程序"标签,如图 3-24 所示。

2)在"添加/删除程序 属性"对话框中,选中"通讯"组件,单击"详细资料"按钮,出现"通讯"对话框,如图 3-25 所示。

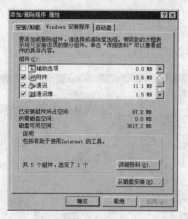 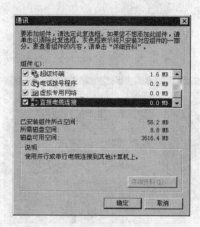

图 3-24 "添加/删除程序 属性"对话框   图 3-25 "通讯"对话框

3)在"通讯"对话框的"组件"列表框中,选中"直接电缆连接"组件,单击"确定"按钮。

4)返回"添加/删除程序 属性"对话框,单击"确定"按钮,弹出"正在复制文件"对话框,对话完成后,则添加成功。

5)单击"开始"→"程序"→"附件"→"通讯"→"直接电缆连接"菜单项,出现"直接电缆连接"对话框,如图 3-26 所示。

6)设置服务器(主机)。当出现"请指定所使用的计算机"的提示时,单击"主机"单选项,单击"下一步"按钮,此时系统将会在"直接电缆连接"对话框中提示"选择要使用的端口"列表框,如图 3-27 所示。在列表框中,单击正确的端口,例如,此处用 LPT(并口)连接,则单击"并行电缆线在 LPT1"选项,如图 3-27 所示,单击"下一步"按钮。

图 3-26 "直接电缆连接"选择主机/客户机对话框   图 3-27 "直接电缆连接"选择端口对话框

7)Windows 系统会弹出"已经设置好主机"的提示,并询问是否"使用密码保护",可以根据需要设置密码,单击"完成"按钮,服务器便处于等待客户机连接的状态中,如图 3-28 所示。

8）设置客户机。当出现"请指定所使用的计算机"的提示时，单击"客户机"单选项，如图 3-26 所示，单击"下一步"按钮，此时系统将会在"直接电缆连接"对话框中提示"选择要使用的端口"列表框，如图 3-27 所示。在列表框中，单击正确的端口，例如，此处用 LPT（并口）连接，则单击"并行电缆在 LPT1"选项，如图 3-27 所示，单击"下一步"按钮。

9）Windows 系统会弹出"已成功设置了客户机"的提示，如图 3-29 所示。如果服务机（主机）已处于等待连接状态，客户机就可以尝试连接，如图 3-30 所示。

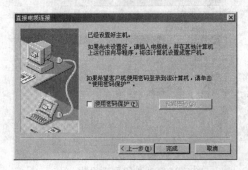 

图 3-28 "直接电缆连接"使用密码保护对话框　　图 3-29 "直接电缆连接"成功设置客户机对话框

图 3-30 "直接电缆连接"正在连接对话框

10）如果服务器、客户机双方均连接成功之后，即可以通过网上邻居访问对方的共享资源。

第 4 章

局域网技术

4.1 局域网的基本概念

　　局域网是当今计算机网络技术应用与发展非常活跃的一个领域。公司、企业、政府部门及住宅小区内的计算机都通过局域网连接，达到资源共享、信息传递和数据通信的目的。而信息化进程的加快，更加需要通过局域网进行网络互连。因此，理解和掌握局域网技术就显得更加重要。

　　局域网的发展始于 20 世纪 70 年代，当时，国际上推出了个人计算机并在市场中所占比例越来越大，因此，推动了局域网的发展，如美国的 NEWHALL 环网、英国的剑桥环网等。其中，1975 年美国 Xerox 公司推出的第一个总线争用结构的实验性以太网（Ethernet）成为最初局域网的典型代表。

20 世纪 80 年代以后，局域网技术得到了迅速发展和完善，越来越多的制造商投入到局域网的研制潮流中，一些标准化组织也致力局域网有关标准和协议的制定与完善。在此期间，局域网的典型产品有美国 DEC、Intel 和 Xerox 联合研制并推出的3COM Ethernet 系列产品、IBM 公司的令牌环和 Novell NetWare 系列局域网网络操作系统产品。

20 世纪 90 年代，局域网更是在速度、带宽等方面有了更大进展，并且在访问、服务、管理、安全和保密等方面上有了进一步的改善。例如，Ethernet 产品的传输速率从10Mb/s 发展到 100Mb/s，并继续提高到 1000Mb/s。2002 年又颁布了万兆以太网标准。

本章将介绍局域网的相关知识。

4.1.1 局域网的特点与分类

1. 局域网的定义

局域网是由一组计算机及相关设备通过共用的通信线路或无线连接的方式组合在一起的系统，它们在一个有限的地理范围内进行资源共享和信息交换。就其技术性定义而言，是通过特定类型的传输媒体（如电缆、光缆和无线媒体）和网络适配器（亦称为网卡）将计算机连接在一起，并受网络操作系统监控的网络系统。典型的局域网由一台或多台服务器和若干个工作站组成。局域网有着较高的数据传输速率，误码率也很低，但是对传输距离有一定的限制，而且同一个局域网中能够连接的结点数量也有一定的要求。局域网有很多种类，不同的局域网有着不同的特点和应用领域。

局域网具有以下特点。

1）网络所覆盖的地理范围比较窄，通常不超过几十千米，甚至只在一栋建筑或一个房间内。

2）数据传输速率高。

3）误码率低，其误码率一般为 $10^{-11} \sim 10^{-8}$。

4）局域网协议简单、结构灵活、建网成本低、周期短、便于管理和扩充。

局域网的应用范围极广，可用于办公自动化、生产自动化、企事业单位的管理、银行业务处理，以及军事指挥控制、商业管理等方面。局域网的主要功能是实现资源共享，其次是可以更好的实现数据通信与交换以及数据的分布处理。

2. 局域网的分类

虽然目前我们所能看到的局域网主要是以双绞线为代表传输介质的以太网，这些基本上是企、事业单位的局域网。在网络发展的早期或在其他各行各业中，因其行业特点所采用的局域网也不一定都是以太网，目前常见的局域网有以太网、令牌网（token ring）、光纤分布式接口网络（FDDI）网和异步传输模式网（ATM）等几类，后面将分别进行简单介绍。

4.1.2 局域网的拓扑结构

局域网的拓扑结构是指将局域网中的结点抽象成点，将通信线路抽象成线，通过点和线之间的几何关系来表示网络结构，反映出网络中各实体间的结构关系。局域网中主要的拓扑结构有星型、总线型和环型。下面具体来看一下各拓扑结构的优缺点。

1. 星型拓扑结构

星型拓扑结构由被称为中央结点的结点和一系列通过点到点链路接到中央结点的末端结点组成。图 4-1 所示为星型局域网，各结点以中央结点为中心，与中央结点以点对点的方式连接。任何两结点之间的数据通信都要通过中央结点。

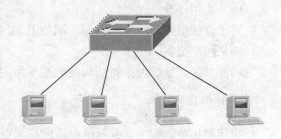

（1）应用特点

星型拓扑结构的优点有以下几点。

1）结构简单、控制容易。因为任何一个结点只与中心结点相连接，所以媒体访问控制方法很简单，访问协议也简单。

图 4-1 星型局域网

2）故障诊断和隔离容易。中心结点对连接线路可以逐一地隔离开来进行故障检测和定位，单个连接点的故障只影响一个设备，不会影响全网。

3）方便服务、扩展性好。由于各结点是独立的，所以中心结点可以方便地对各个结点提供服务，增加或减少结点也不需要中断网络。

星型拓扑结构的缺点如下。

1）传输介质需求较大。因为每个结点都要与中心结点直接相连，需要耗费大量的传输介质，安装、维护的工作量大增。此外，通信线路的利用率也较低。

2）中心结点是全网可靠性的瓶颈，中心结点的故障可能造成全网瘫痪。

3）各结点的分布处理能力较差。

（2）典型标准

用于星型拓扑结构的典型标准是 IEEE 制定的 IEEE802.3 标准。

（3）网络范例

现有的采用星型拓扑结构的网络主要有 10Base-T、100Base-T 等。

2. 总线型拓扑结构

在总线型拓扑结构中，所有结点都直接连接到一条作为公共传输介质的总线上，总线通常采用同轴电缆作为传输介质，所有结点都可以通过总线发送或接收数据，但任何一个结点发送的信号都沿着总线进行传播，而且能被所有其他结点接收。图 4-2 所示为总线型局域网。

图 4-2 总线型局域网

（1）应用特点

总线型拓扑结构的优点如下。

1）结构简单，所需要的传输介质最少。

2）无中心结点，任何结点的故障都不会造成全网的瘫痪，有较高的可靠性。

3）易于扩充，但增加结点时需中断网络。

总线型拓扑结构的缺点如下。

1）信号随传输距离的增加而衰减，因此总线的长度有限。

2）故障诊断和隔离较困难，一个链路故障将会破坏网络上所有结点的通信。探测电缆故障时，需要涉及整个网络。

3）分布式协议（争用技术）使访问控制复杂，并不能保证信息的及时传送。

（2）典型标准

用于总线型拓扑结构的典型标准为 IEEE 制定的 IEEE802.3 标准。

（3）网络范例

目前，采用总线型拓扑结构的典型网络主要有 10Base-5、10Base-2 等。

3. 环型拓扑结构

在环型拓扑结构中，所有结点通过点到点通信线路连接成闭合环路，每个结点能够接收同一条链路传来的数据，并以同样的速率串行地将该数据沿环送到另一端链路上。图 4-3 为环型拓扑结构的局域网。

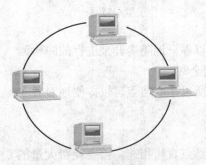

（1）应用特点

环型拓扑结构的优点如下。

1）没有路径选择问题（两个结点之间只有唯一的通路），控制协议简单。

2）结构简单，增加或减少结点时，仅需简单的连接操作。

图 4-3 环型局域网

3）所需的传输介质少于星型拓扑结构的网络。

4）传输时间固定，适用于数据传输实时性要求较高的场合。

5）适合使用光纤。光纤的传输速率很高，十分适合环型拓扑结构局域网中数据的单向传输。

环型拓扑结构的缺点如下。

1）可靠性差。因为环上的数据传输要通过接在环上的每一个结点，所以任何结点的故障都会导致环路不能正常工作，甚至瘫痪。

2）故障检测困难。与总线型拓扑结构类似，因为不是集中控制，故障检测需要网上各个结点参与进行，因此实现困难。

3）传输效率低。由于信号串行通过各个结点，因此结点过多时，网络响应时间将相应变长。

（2）典型标准

用于环型拓扑结构的典型标准有 IEEE802.5 和 IEEE802.8。

（3）网络范例

采用环型拓扑结构的典型网络有 IBM 令牌环网。

4.1.3　局域网的体系结构

随着局域网的迅速发展，类型越来越多，为了促进产品的标准化以增加产品的可操作性，IEEE（美国电气和电子工程师学会）成立了局域网标准化委员会（简称 IEEE802委员会），制定了关于局域网的 IEEE802 标准。

1. 局域网参考模型

局域网参考模型只对应于 OSI 参考模型的数据链路层和物理层，它将数据链路层划分为逻辑链路控制（LLC）子层和介质访问控制（MAC）子层，如图 4-4 所示。

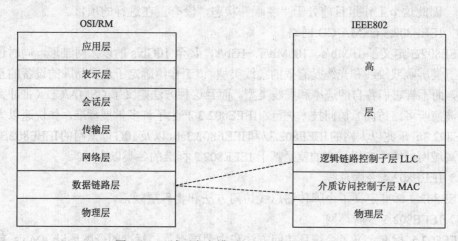

图 4-4　局域网参考模型与 OSI 参考模型对比

各层的功能如下。

1）物理层：提供发送和接收信号的能力，包括对宽带频道的分配和对基带信号的调制等。

2）MAC 子层：负责介质访问控制机制的实现，即处理局域网中各站点对共享通信介质的争用问题、实现帧的寻址和识别、完成数据帧的校验。

3）LLC 子层：规定了面向无连接和面向连接的两种连接服务。

尽管局域网的数据链路层分成了 LLC 和 MAC 两个子层，但这两个子层是都要参与数据的封装和拆封过程的，而不是只由某一个子层来完成数据链路层帧的封装及拆封。

在 OSI/RM 中，物理层、数据链路层和网络层使计算机网络具有报文分组转接的功能。当局限于一个局域网时，物理层和数据链路层就能完成报文分组转接的功能。但当涉及多个网络互连时，报文分组就必须经过多条链路才能到达目的地，此时就必须专门设置一个层次来完成网络层的功能，所以 IEEE802 标准的实现模型中，在 LLC 之上设立了网际层，即网络层的一个子层，所以有时 LLC 的上层也叫网络层。

2. IEEE802 标准概述

IEEE 在 1980 年 2 月成立了局域网标准化委员会，专门从事局域网的协议制订，形成了一系列的标准，称为 IEEE802 标准，主要有如下几种。

（1）IEEE802.1 网间互联定义

IEEE802.1 是关于局域网城域网桥接、局域网体系结构、局域网管理和位于 MAC 以及 LLC 层之上的协议层的基本标准。现在，这些标准大多与交换机技术有关，包括 802.1q（VLAN 标准）、802.3ac（带有动态 GVRP 标记的 VLAN 标准）、802.1v（VLAN 分类）、802.1d（生成树协议）、802.1s（多生成树协议）、802.3ad（端口干路）和 802.1p（流量优先权控制）。

（2）IEEE802.2 逻辑链路控制

该标准对逻辑链路控制，高层协议以及 MAC 子层的接口进行了良好的规范，从而保证了网络信息传递的准确和高效性。由于现在逻辑理论控制已经成为整个 802 标准的一部分，因此这个工作组目前处于"冬眠"状态，没有正在进行的项目。

（3）IEEE802.3 CSMA/CD 网络

IEEE802.3 定义了 10Mb/s、100Mb/s、1Gb/s，甚至 10Gb/s 的以太网雏形，同时还规定了第五类屏蔽双绞线和光缆是有效的缆线类型。该工作组确定了众多品牌的设备的互操作方式，而不管它们各自的速率和缆线类型。而且这种方法定义了 CSMA/CD（带冲突检测的载波侦听多路访问）访问技术规范。IEEE802.3 产生了许多扩展标准，如快速以太网的 IEEE802.3u、千兆以太网的 IEEE802.3z 和 IEEE802.3ab，以及 10G 以太网的 IEEE802.3ae。目前，局域网网络中应用最多的就是基于 IEEE802.3 标准的各类以太网。

（4）IEEE802.4 令牌总线

IEEE802.4 标准定义了令牌传递总线访问方法和物理层规范。

（5）IEEE802.5 令牌环网

IEEE802.5 标准定义了令牌环访问方法和物理层规范。标准的令牌环以 4Mb/s 或者 16Mb/s 的速率运行。由于该速率肯定不能满足日益增长的数据传输量的要求，所以，目前该工作组正在计划 100Mb/s 的令牌环（802.5t）和千兆位令牌环（802.5v），其他 802.5 规范的例子是 802.5c（双环包装）和 802.5j（光纤站附件）。令牌环网在我国极少被应用。

（6）IEEE802.6 城域网

该标准定义了城域网访问的方法和物理层的规范（分布式队列双总线 DQDB）。

（7）IEEE802.7 宽带技术咨询组

该标准是 IEEE 为宽带局域网推荐的实用技术。

（8）IEEE802.8 光纤技术咨询组

该标准定义了光纤技术所使用的一些标准。

（9）IEEE802.9 综合数据声音网

该标准定义了 MAC 子层与物理层上的集成服务接口。同时，该标准又被称为同步服务 LAN。同步服务是指数据必须在一定的时间限制内被传输的过程。流介质和声音信元就是要求系统进行同步传输通信的例子。

（10）IEEE802.10 网络安全技术咨询组

该标准定义了互操作局域网安全标准。该工作组以 802.10a（安全体系结构）和 802.10c（密匙管理）的形式提出了一些数据安全标准。

（11）IEEE802.11 无线联网

该标准定义了无线局域网介质访问控制子层与物理层规范。

（12）IEEE802.12 需求优先（100VG-AnyLAN）

IEEE802.12 规则定义了需要优先访问方法，为 100Mb/s 需求优先 MAC 的开发提供了两种物理层和中继规范。

（13）IEEE802.14 交互电视

本标准对交互式电视网（包括有线调制解调器）进行了定义以及相应的技术参数规范。该工作组开发有线电视和有线调制解调器的物理与介质访问控制层的规范。

（14）IEEE802.15 标准

IEEE802.15 专门致力于无线个人局域网（WPAN）标准的研究。WPAN 是为了实现活动半径小，业务类型丰富，面向特定群体，无线无缝连接而提出的新兴无线通信网络技术，用于实现同一地点终端与终端间的连接，如连接手机和蓝牙耳机等。IEEE802.15 工作组内有四个任务组，分别制定适合不同应用的标准，这个四个标准分别是：802.15.1 蓝牙 WPAN 工作组，主要针对蓝牙技术制定的标准；802.15.2 共存组，为所有工作在 2.4GHz 频带上的无线应用建立一个标准；802.15.3 高速率 WPAN 工作组，其 802.15.3 标准适用于高质量要求的多媒体应用领域，802.15.4 低速率 WPAN 工作组，任务就是开发一个低速率的 WPAN（LR-WPAN）标准，能在低成本设备之间进行低速率的传输。

4.2 局域网的组成

无论采用何种局域网技术来组建局域网，都要涉及它的组件的选择，包括硬件和软件。其中，软件的组成主要是指以网络操作系统为核心的软件系统，硬件则主要指计算机及各种组网设备，包括服务器和工作站、网卡、网络传输介质、网络连接部件与设备等。下面给大家做一些简单的介绍。

4.2.1 网络服务器和用户工作站

组建局域网的主要目的是为了计算机之间的资源共享。根据其功能和作用的不同，将计算机分成两大类，为其他计算机提供服务的计算机称为服务器，使用服务器所提供的服务的计算机叫做工作站。

服务器是网络的服务中心。为满足众多用户的大量服务请求，服务器通常由高档计算机承担，应满足以下性能和配置的要求。

1）响应多用户的请求。网络服务器必须同时为多个用户提供服务，当多个用户的客户程序同时发出服务请求时，服务器要能及时响应每个客户程序的请求，且分别为它们提供互不干扰的处理。

2）处理速度快。为满足多用户的服务请求，服务器要有很强的数据处理和计算能力，从而对 CPU 性能提出了较高的要求。

3）存储容量大。网络服务器应提供尽可能多的共享资源，为满足多用户的同时请示的需要，服务器要配置足够的内存和外存。

4）安全性好。服务器要能够对用户身份的合法性进行验证，能根据用户权限为用户提供授权的服务，并能保证服务器上资源的完整性和一致性。

5）可靠性好。作为网络服务的中心，要求提供一定的冗余措施和容错性。

根据提供服务的不同，网络服务器可以分为用户管理或身份验证服务器、文件服务器、打印服务器和数据库服务器等。

另外，当在局域网环境中提供 TCP/IP 应用时，还可能会有 E-mail 服务器、DNS 服务器和 Web 服务器等。

网络工作站的功能通常要比服务器多，相应地对其性能和配置也就没有那么高的要求。根据个人实际需要的不同，网络工作站的档次也不同。档次较低的有无盘工作站，而高档的工作站由于需要完成较为复杂的工作，对计算机的要求也比较高。目前，网络工作站的档次区别已越来越不明显。用户通过工作站使用服务器提供的服务和网络资源，向网络服务器发出请求，并且把从网络服务器返回的结果用于本地计算机中，当然工作站也可以按用户的要求进行本地计算和数据处理任务。

4.2.2　网卡

网卡是网络接口卡的简称，也叫网络适配器，它是物理上连接计算机与网络的硬件设备，是局域网最基本的组成部分之一，可以说是必备的。它插在计算机的主板扩展槽中，通过网线（如双绞线、同轴电缆）与网络共享资源、交换数据。在局域网中，每一台需要联网的计算机都必须配置一块（或多块）网卡。

网卡与计算机中其他的插卡一样，是一块布满了芯片和电路的电路板。网卡将计算机连接到网络，将数据打包并处理包传输与接收的所有细节，这样就得以缓解 CPU 的运算压力，使数据在网络中得到更快地传输。

1. 网卡的功能

网卡实现了物理层和数据链路层的功能，这些功能包括以下几种。

（1）缓存功能

网卡通常配有一定的数据缓冲区，网卡上固化有控制软件，发送时，从网络层传来的封装后的数据先暂存到网卡的缓冲区中，然后由网卡装配成帧发送出去。接收时，网卡把收到的帧先存在缓冲区，然后再进行解帧等一系列操作。

（2）介质访问技术

对于共享介质的局域网，为了防止网络上的多台计算机同时发送数据，并且为了避免因为数据包的冲突而丢失数据，利用介质访问技术进行协调是必要的。不同类型的网卡使用的介质访问控制技术各不相同，例如传统以太网使用的是 CSMA/CD 方法，令牌环网卡使用的是令牌环方法。

（3）串/并行转换

因为计算机内部是采用并行来传输数据的，而网线上采用的是串行传输，因此，网卡在发送数据时必须把并行数据转换成适合网络介质传输的串行比特流，在接收数据时，网卡必须把串行比特流转换成并行数据。

（4）帧的封装与解封装

网卡发送数据时，会把从网络层接收到的已被网络层协议封装好的数据装配成帧，转换成能在传输介质上传输的比特流；在接收数据时，网卡首先要对收到的帧进行校验，以确保帧的正确性，然后拆包（去掉帧头和帧尾）重组成本地设备可以处理的数据。

（5）数据的编码/解码

计算机生成的二进制数据必须经过编码转换成物理信号后才能在网络传输介质中传输，同样，在接收数据时，必须进行物理信号到二进制数据的解码过程。编码方法是由使用的数据链路层协议来决定的，例如，以太网使用曼彻斯特编码，令牌环网使用差分曼彻斯特编码。

2. 网卡的分类

准备在一个网络设备中安装一块网卡之前，首先需要搞清楚该设备需要什么类型的网卡。为了适应不同的网络环境和使用需求，网卡也有好多的类型，分类方法也多种多样。

由于目前的网络有 ATM 网、令牌环网和以太网之分，它们分别采用各自的网卡，所以网卡也有 ATM 网卡、令牌环网网卡和以太网网卡之分。因为以太网的连接比较简单，使用和维护起来都比较容易，所以目前市面上的网卡也以以太网网卡居多。下面提到的网卡，如无特殊说明，都是指以太网网卡。

（1）按总线接口分类

1）ISA 接口网卡，如图 4-5 所示，此类网卡是早期网卡，传输速率较低，已被淘汰。

2）PCI 接口网卡是目前使用最多的网卡，也是目前的主流产品，如图 4-6 所示，它具有即插即用的特性。

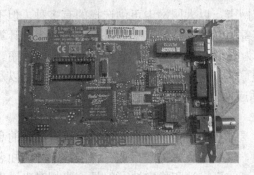 

图 4-5　ISA 网卡　　　　　　　　　　图 4-6　PCI 网卡

（2）按应用领域分类

1）服务器专用网卡。它是为网络服务器专门设计的。一般的网卡只负责传输信号而不分析高层数据，在服务器专用网卡上由于采用了一些专用的控制芯片，可以对承载的数据做基本的解释，而不只是简单地把信号传送给 CPU，从而减轻了服务器 CPU 的工作负荷。这种类型的网卡大都比较昂贵，通常只用于服务器等需要大量数据传输的设备，个人用户很少使用。

2）普通工作站网卡。市面所卖的网卡一般都是这种为普通工作站设计的网卡，即一般用的 PCI 网卡。相对服务器用网卡，工作站用网卡要便宜许多。

（3）按接口类型分类

前面已经提到，以太网有多种不同的传输介质，这就需要不同接口类型的网卡。

1）RJ-45 接口网卡。就是俗称的水晶头接口网卡，如图 4-7 所示，只能连接双绞线，实际应用中大多使用这种网卡，主要用来组建星型网络。

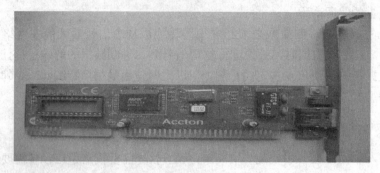

图 4-7　RJ-45 接口网卡

2）BNC 接口网卡。用于细缆网的连接。

3）AUI 接口网卡。用于粗缆网的连接。

（4）按传输速率分类

1）10M 网卡。现在已很少使用。

2）100M 网卡。

3）10M/100M 自适应网卡。它能根据对方的传输速率进行自动调整和适应，如果对方是 10M 的传输速率，那么它也按 10M 的标准传输。如果对方是 100M 的标准，它也按 100M 的标准传输。目前已经成为市场中的主流产品。

4）100M/1000M 自适应网卡和 1000M 网卡。以太网网卡可供选择的有多种，但不是速率越高就越合适。例如，为连接在只具备 100Mb/s 传输速率的 3 类双绞线上的计算机配置 1000Mb/s 的网卡就是一种浪费，因为它至多也只能实现 100Mb/s 的传输速率。如果只是一般的用户，如家庭、宿舍计算机联机、网吧、电脑游戏店、中小型企业以及相关公司办公应用等，使用 10M/100M 自适应网卡就已足够了。

（5）网卡的生产厂家

对于商务用户和其他一些对网络稳定性要求比较高的用户，一定要购买有品牌的高质量的网卡，知名品牌的网卡虽然价格稍贵，但是有良好的售后服务保障。国外的知名厂商包括 3Com、Intel 生产的网卡都有着很高的可靠性和稳定性，但是价格相对来讲也比较昂贵。台湾产的 D-Link（现在已与联想合并，生产联想 D-Link 网卡）、Accton 的性能也不错，性价比比较高，是办公局域网用户的很好的选择。

对于家庭、网吧这种对配置要求不是很高的小型局域网用户，网卡的性价比显然是需要首先考虑的因素。现在比较廉价的网卡有 NE2000、Realtek、Topstar、TP-link 等的产品，其兼容性、使用效果都很好，一般应用非常不错。

另外，我们要注意识别假货，和计算机的其他配件一样，网卡也有假货、水货，可以通过一些途径加以鉴别。

1）正规厂家生产的网卡焊接质量都很好，一般不会出现堆焊或虚焊等现象，所有的焊接点看上去基本上是一样的，而非正规厂家生产的网卡，其焊接质量较差。

2）每块网卡都有一个唯一的固定的 MAC 地址，并且任何一块网卡的 MAC 地址都不相同。所以，在购买网卡时，一定要注意其 MAC 地址。MAC 地址可以通过网卡自带的驱动程序测得，并要保证测得的卡号应和网卡上所标的卡号一致。

3）选购网卡时，还要注意网卡电路板的做工是否考究（如印刷电路板应比较厚实，边角平滑、没有毛刺，金手指和元件的焊接点光亮，整块卡给人整洁的感觉）、金手指上是否有划痕，以此来判断是否为返修品。

4）注意观察网卡主控芯片上是否有厂家名以及生产日期是否较新。

5）还需注意的是选购时尽量买有品牌的网卡，同时要在规模比较大的网络代理商处购买网卡。这样的网卡不但质量有保证，售后服务也不错，有问题的话也方便调换。

3. 网卡的物理地址

每一块网卡在出厂时都被分配了一个唯一的地址标识，该标识被称为网卡地址或MAC 地址，由于该地址是固化在网卡上的，所以又称为物理地址或硬件地址。网卡地址由 48 位长度的二进制数组成，其中，前 24 位表示生产厂商，后 24 位是生产厂商所分配的产品序列号。若采用 12 位的十六进制数表示，则前 6 个十六进制数表示厂商，后 6 个十六进制数表示该厂商网卡产品的序列号。如网卡地址 00-90-27-99-11-cc，前 6 个十六进制数表示该网卡是由 Intel 公司生产，相应的网卡序列号为 99-11-cc。网卡地址主要用于设备的物理寻址，网卡初始化后，该网卡的 MAC 将载入设备的 RAM 中，例如，执行 DOS 命令 ipconfig/all，可获知本机网卡的 MAC，如图 4-8 所示，本机网卡的MAC 地址为 00-11-2F-76-23-1F。

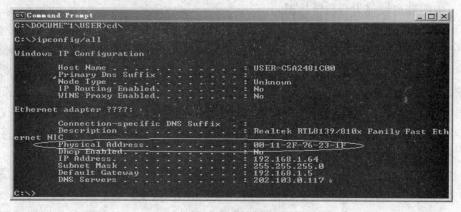

图 4-8　获知本机网卡的 MAC 地址

4.2.3　传输介质及其附属设备

目前应用比较广泛的网络传输介质主要有双绞线、同轴电缆和光纤。局域网中常用的传输介质主要是同轴电缆和双绞线，因为它们比较适合在短距离内传输数据，价格相对来讲比较便宜。光纤可以实现远距离高速通信，不过由于采用光纤的网络所使用的网卡等通信部件都相当昂贵，而且管理比较复杂，所以目前仍主要应用于连接城域网或广域网等大型网络。

双绞线、同轴电缆和光纤的内容在第 2 章已做详细讲解，在这里就不再说明了。

4.2.4　网络软件

组建和管理网络离不开网络操作系统。网络操作系统在网络中发挥着核心作用，它控制了网络资源的共享、网络的安全和网络的各种应用。目前，流行的网络操作系统种类繁多，各有特点，分别用在不同的领域。现在常见的网络操作系统包括 UNIX、NetWare、Windows Server 2003、Linux 等详细内容将在第 5 章做介绍。

4.2.5　互连设备介绍

目前，局域网中常用的网络互连设备有中继器、集线器、网桥和交换机等。

1. 中继器和集线器

中继器是最简单的网络互连设备，用于物理层的连接，它的作用是对网络电缆上的数字信号进行放大、整形，然后再传输给电缆上的其他电缆段（网段）。因此，中继器能够起到延长网络距离的作用。

由于中继器在 OSI 的物理层上工作，数据经过中继器时不进行转换，因此，中继器不能用于连接两种不同局域网协议类型的网络，如以太网和令牌环网。

由于中继器仅是对它所接收到的信号进行复制，不具备检查错误和纠正错误的功能，错误的数据会被中继器复制到另一电缆段。

中继器不对信号进行存储或做其他处理，信号的延迟很小。

中继器还可用来连接不同类型的介质，例如将细缆与双绞线连接在一起，在这种情况下，中继器也被称为介质转换器。

用中继器连接的网段上的站点就像是在一条延长的网段上一样，中继器不提供网段隔离功能，通过中继器连接起来的网段在逻辑上是同一个网络，这些网段属于一个竞争域。

中继器的主要优点是安装简单、使用方便、价格相对低廉，它不仅起到扩展网络距离的作用，还可以连接不同传输介质的网络。例如，以太网中继器可以把以太网细缆与双绞线或以太网粗缆线连接起来。但是，中继器不能用于连接两种不同局域网协议类型的网络，如以太网和令牌环网。因为，数据经过中继器不进行转换，用中继器连接的两个网络（或称为网段）在逻辑上是同一个网络。

集线器也称为集中器，工作在物理层，其作用与中继器类似，或者说，它就是用于 UTP 双绞线的多端口中继器。集线器一般有一个 BNC 接头、一个 AUI 接头和多个不等数量的 RJ-45 接口。BNC 接头是 50Ω 细同轴电缆的接口。AUI 接头是收发器接口，是用来连接 50Ω 粗同轴电缆。还有的集线器有级联口，用于集线器之间的级联。

局域网内的集线器按配置方式的不同通常分为 3 种类型，下面介绍不同类型的集线器。

（1）独立式集线器

独立式集线器价格便宜，不需要特殊的管理，使用时只要把每个集线器上的独立端口用双绞线与计算机连接起来就可以了。端口数有 8、12、16、24 和 48 等种类。

（2）堆叠式集线器

堆叠式集线器主要是为了适应局域网规模的扩展，这类集线器相互之间可以"堆叠"或者用短的电缆线连在一起，其外形和功能均和独立式集线器相似，如图 4-9 所示。

使用堆叠式集线器有一个很大的好处，那就是网络或工作组不必只依赖一个单独的集线器，一个集线器出现故障并不影响网络其他部分的运行。

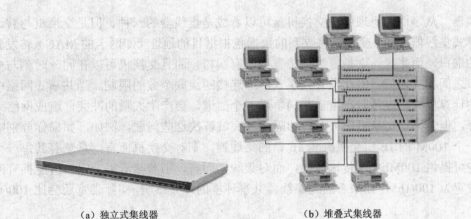

(a) 独立式集线器　　　　　　　　(b) 堆叠式集线器

图 4-9　独立式集线器和堆叠式集线器

（3）模块式集线器

模块式集线器一般都配有机架，带有多个卡槽，每个槽可放一块通信卡，每个卡的作用就相当于一个独立式集线器，多块卡通过安装在机架上的通信底板进行互连并进行相互间的通信。现在常使用的模块式集线器一般具有 4～14 个插槽。模块式集线器各个端口都有专用的带宽，只在各个网段内共享带宽，网段间采用交换技术，从而减少冲突，提高通信效率，因此又称为端口交换机模块式集线器。其实这类集线器已经采用交换机的部分技术，已不是单纯意义上的集线器了，它在较大的网络中便于实施对用户的集中管理，在较大型网络中得到了广泛应用。

集线器的优点如下。

1）集线器安装极为简单，几乎不需要配置。

2）集线器级联可以扩展网络介质的距离。

3）使用集线器的向上端口可以连接使用不同传输介质的同构的网络。

集线器的缺点如下。

1）集线器限制介质的距离，例如，10Base-T 中是 100m。

2）集线器没有数据过滤和隔离功能，将收到的数据全部从端口发出去，所以由中继器或集线器互连的网络仍然属于一个大的共享介质环境，从而当这种互连环境中的主机数目不断增加时，产生冲突的可能性也随之增大。

2．网桥

网桥是工作在数据链路层的设备。

3．交换机

用的中继器或集线器越多，则冲突域就越大，主机之间发生冲突的概率也就越大，网络的传输效率也就越低，每个用户实际得到的可用带宽也就越小。那么是否存在一种既能提供在物理上扩展网络的功能，同时又不会使冲突域增大的网络互连设备呢？工作在数据链路层的互联网设备交换机就具备了这种能力。

交换机是工作在 OSI 参考模型第 2 层的设备，其英文名称为 Switch Hub，即交换式集线器。从字面意思理解，交换机就可以看成是集线器的一种。但是交换机与普通的共享式集线器不同，交换机将收到的数据包根据目的地址（即网卡的 MAC）转发到相应的端口，而集线器则是将数据转发到所有端口。而且交换机可以在同一时刻与多个端口之间相互通信，因此没有共享式网络连接的级联个数的限制。当共享式网络中连接的计算机数量过多时，由于共同争用一个信道，会产生大量的冲突，造成网络效率下降，但若采用交换机即可有效的隔离冲突域解决这些问题。例如，如果你分别购买了一个 100M 的 16 口交换机和 16 口的集线器，则对交换机而言，意味着其每一个端口均可提供 100Mb/s 的传输速率，而对集线器而言，则意味着每个端口所能拥有的平均带宽为 100/16M，如果考虑到集线器共享环境的冲突影响，实际带宽还会比 100/16M 更小。

图 4-10 所示就是一个用交换机互连起来的网络。

图 4-10　用交换机互连的网络

4.3　介质访问控制方法

介质访问控制就是解决当"局域网中共用信道的使用产生竞争时，如何分配信道的使用权"问题。局域网中目前广泛采用两种介质访问控制方法。

- 争用型介质访问控制协议，即随机型的介质访问控制协议，如以太网的 CSMA/CD 方式。
- 确定型介质访问控制协议，即有序的访问控制协议，如令牌方式。

4.3.1　以太网介质访问控制方法

1. 带冲突检测的载波侦听多址访问原理

带冲突检测的载波侦听多址访问（Carrier Sense Multiple Access/Collision Detection，CSMA/CD）中，载波侦听 CS 是指网络中的各个站点都具备一种对总线上所传输的信号或载波进行监测的功能；多址 MA 是指当总线上的一个站点占用总线发送信号时，所有连接到同一总线上的其他站点都可以通过各自的接收器收听，只不过目标结点会对所接收的信号进行进一步的处理，而非目标结点则忽略所收到的信号；冲突检测 CD 是指一种检测或识别冲突的机制，这是实现冲突退避的前提。

在总线环境中，冲突的发生可能有两种原因：一是总线上两个或两个以上的结点同时发送信息；另一种就是一个较远的结点已经发送了数据，但由于信号在传输介质上的延时，使得信号在未到达目的地时，另一个结点刚好发送了信息。CSMA/CD 通常用于总线型拓扑结构和星型拓扑结构的局域网中。

2. 载波侦听多路访问

基本的载波侦听多路访问（CSMA）方法的算法如下。

1）一个站要发送信息时，首先需监听总线，以确定介质上是否有其他站发送的信号。

2）如果介质是空闲的（没有其他站点发送），则可以发送。

3）如果介质是忙的（其他站点正在发送），则等待一定间隔时间后重试。

根据在信道忙时，对如何监听采取的处理方式不同，又可以将 CSMA 分为不坚持 CSMA、1 坚持 CSMA 和 P 坚持 CSMA 3 种不同的协议，如图 4-11 所示。

- 不坚持 CSMA：发送之前监听信道，如果信道空闲就发送数据；一旦监听到信道忙，就不再坚持监听，而是根据协议的算法延迟一个随机时间后再重新监听。不坚持 CSMA 的缺点是不能找出信道刚一变成空闲的时刻，这样就影响了信道利用率的提高。

- 1 坚持 CSMA：监听到信道忙，则继续监听，直到信道空闲就立即把数据发送出去。但若有两个或更多的站点在同时监听信道，则一旦信道空闲就会都同时发送数据引起冲突，反而不利于吞吐量的提高。

- P 坚持 CSMA：当听到信道空闲时，就以概率 P（0<P<1）发送数据，而以概率（1−P）延迟一段时间，重新监听信道。P 坚持 CSMA 可减少冲突，提高信道的利用率，但 P 值的确定是件很复杂的事情。

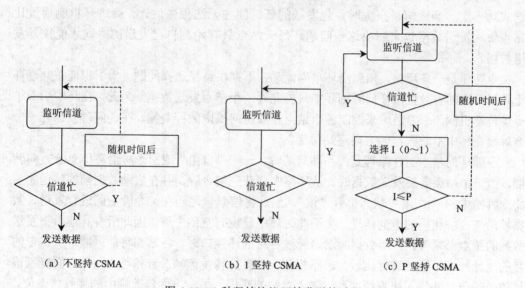

图 4-11 3 种坚持协议开始发送的过程

3. 带冲突检测的载波侦听多路访问方法

CSMA/CD 的工作过程可以用四句话来描述：先听后发，边发边听，冲突停止，随机延时后重发，具体说明如下。

- 当一个站点想要发送数据时，需检测网络是否有其他站点正在传输，即侦听信道是否空闲。

- 如果信道忙，则等待，直到信道空闲。
- 如果信道空闲，站点就传输数据。
- 在发送数据的同时，站点继续侦听网络确信没有其他站点在同时传输数据。因为有可能有两个或更多个站点都同时检测到网络空闲后，几乎在同一时刻开始传输数据。如果两个或多个站点同时发送数据，就会产生冲突。
- 当一个传输结点识别出一个冲突时，就发送一个拥塞信号，这个信号使得冲突的时间足够长，让其他的结点都能够发现。

其他结点收到拥塞信号后都停止传输，等待一个随机产生的时间间隙后重发，该时间间隙称为回退时间。

总之，CSMA/CD 采用的是一种"有空就发"的竞争型访问策略，因而不可避免地会出现信道空闲时多个站点同时争用的现象。CSMA/CD 无法完全消除冲突，它只能采取一些措施来减少冲突，并对所产生的冲突进行处理。另外，网络竞争的不确定性，也使得网络延时变得难以确定，因此采用 CSMA/CD 协议的局域网通常不适合那些实时性很高的网络应用。

4.3.2 令牌环网介质访问控制方法

令牌环介质访问控制多用于环型拓扑结构的网络，属于有序的竞争协议。

综前所述，CSMA/CD 是不可靠的，容易引起冲突。站点可能要经过很多次才能发送成功一次。当通信量很大时，包发送的延时往往无法预先估计。令牌环机制通过让站点依次发送数据包来解决这一问题，每一站点只有轮到自己发送的时候才能往外发送数据。

令牌环是一条环路，信息沿环单向流动，不存在路径选择问题。为了保证在共享环上数据传送的有效性，任何时刻环中只能允许一个结点发送数据。为此，在环中引入了令牌传递机制。令牌是用来控制各个结点介质访问权限的控制帧，在任何时候都有一个令牌帧在环中沿着固定的方向逐站传递。

令牌环的基本工作原理是：当环启动时，一个"自由"或空令牌沿环信息流方向转圈，当一个站点需要发送数据时，从环路中截获空闲令牌，并在启动数据帧的传送之前将令牌帧中的"忙/闲"状态位置"忙"，然后将信息包尾随在忙令牌后面进行发送。数据帧沿与令牌相同的方向传送，由于此时环中已没有空闲令牌，因此所有其他希望发送数据的结点必须等待。当数据帧沿途经过各站的环接口时，各站都将数据帧中所携带的目的地址与本站地址进行比较。若不相符，则直接转发该帧；若相符，则一方面复制该帧的全部信息并放入接收缓冲器以送入本站的高层，另一方面修改帧中的接收状态位，修改后的帧在环上继续流动直到回到发送站，最后由发送站结点将帧移去，如图 4-12 所示。

总的来说，在令牌环中主要有下面的 4 种操作。

1）截获令牌并且发送数据帧。如果没有结点需要发送数据，令牌就由各个结点沿固定的顺序逐个传递；如果某个结点需要发送数据，就要等待令牌的到来。当空闲令牌传到这个结点时，该结点修改令牌中的状态标志，使其变为"忙"的状态，然后去掉令牌的尾部，加上数据成为数据帧，再发送到下一个结点。

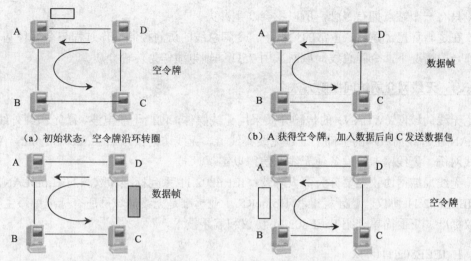

（a）初始状态，空令牌沿环转圈　　　　　　（b）A 获得空令牌，加入数据后向 C 发送数据包

（c）C 接收并复制信息帧后继续在环上转发　　（d）A 收到自己发送的数据帧后将其删除，并在环中插入空令牌

图 4-12　令牌环工作示例

2）接收与转发数据。发送的数据帧在环上循环的过程中，所经过的环上的各个站点都将帧上的目的地址与本站点的地址进行比较，如果不属于本结点，则转发出去；如果属于本结点，则复制到本结点的计算机中，同时在帧中设置已经接收的标志，然后向下一结点转发。

3）取消数据帧并且重发令牌。由于环网在物理上是个闭环，一个帧可能在环中不停地流动，因此必须消除。当数据帧通过闭环重新传到发送结点时，发送结点不再转发，而是检查发送是否成功。如果发现数据帧没有被正确接收，则重发该数据帧；如果传输成功，则清除该数据帧，并且产生一个新的空闲令牌发送到环上。

4）空令牌在环上循环，经过某站点时，若该站点有数据帧要发送则重复上述过程，若该站点没有数据帧发送则直接将令牌传给下一个站点。

4.3.3　令牌总线网介质访问控制方法

令牌总线最早于 1977 由美国 Datapoint 公司的 ARCNET 采用，进入 20 世纪 80 年代后，令牌总线被列入 IEEE 802.4 标准，随后也被 ISO 确定为国际局域网标准。

令牌总线访问控制技术应用于总线拓扑结构网络，但访问控制不是采用争用方式，而是采用与令牌环相似的访问控制方法。因此，对于采用令牌总线介质访问控制的网络，其物理结构是总线的而逻辑结构却是环型的，如图 4-13 所示。

在物理上，令牌总线是一根线形或树形的电缆，其上连接各个站点。在逻辑上，所有站点构

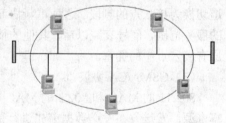

图 4-13　令牌总线结构

成一个环。每个站点知道自己左边和右边的站点的地址。逻辑环初始化后，站号最大的站点可以发送第一帧。此后，该站点通过发送令牌（一种特殊的控制帧）给紧接其后的邻站，把发送权转给它。令牌绕逻辑环传送，只有令牌持有者才能够发送帧。因为任一

时刻只有一个站点拥有令牌，所以不会产生冲突。

在逻辑环已经建立、正常的情况下，令牌总线的访问控制操作过程与令牌环基本相同。一般情况下，令牌总线局域网采用 75Ω 同轴电缆作为传输介质。

4.3.4　无线网介质访问控制方法

无线局域网（WLAN）的传输介质采用无线媒体，包括无线电波、激光和红外线等。WLAN 在有线局域网的基础上通过无线集线器、无线访问接入点（Access Point，AP）、无线网桥、无线网卡等设备使无线通信得以实现。

无线局域网协议主要分为两大阵营：IEEE802.11 系列标准和欧洲的 HiperLAN。其中 IEEE802.11 协议、蓝牙标准和 HomeRF 工业标准是无线局域网所有标准中最主要的协议标准。下面简单介绍 IEEE802.11 协议和蓝牙技术。

1. IEEE802.11 协议

（1）IEEE802.11 标准

无线局域网和普通有线网络一样，也采用 OSI/RM 七层网络模型，只是在其模型的最低两层，即物理层和数据链路层中使用了无线传输方式。虽然早在 1990 年美国就有无线网络设备出现，但是直到 1997 年 IEEE802.11 无线网络标准颁布，无线网络技术的发展才步入正轨，标准的 802.11 主要用于解决办公室局域网和园区局域网中用户与用户终端的无线接入，速率最高只能达到 2Mb/s。

IEEE802.11 定义了两种类型的设备，一种是无线站，通常是通过一台计算机加上一块无线网络接口卡构成的；另一个称为接入点，它的作用是提供无线和有线网络之间的桥接。一个无线接入点通常由一个无线输出口和一个有线的网络接口（802.3 接口）构成。接入点就像是无线网络的一个无线基站，将多个无线的接入站聚合到有线的网络上。

IEEE802.11 标准定义了物理层和媒体访问控制（MAC）协议的规范，其中对 MAC 层的规定是重点。

（2）MAC 结构及服务内容

IEEE802.11 的 MAC 子层负责解决客户端工作站和访问接入点之间的连接。当一个 802.11 客户端进入一个或者多个接入点的覆盖范围时，它会根据信号的强弱以及包错误率自动选择一个接入点进行连接。一旦被一个接入点接受，客户端就会将接收信号的频道切换为接入点的频段。这种重新协商通常发生在无线工作站移出了它原连接的接入点的服务范围，信号衰减以后，其他的情况还发生在建筑物造成的信号变化或者仅仅由于原有接入点中的拥塞。

（3）CSMA/CA 协议

802.11 的 MAC 和 802.3 的 MAC 非常相似，都是在一个共享介质上支持多个用户共享资源，发送方在发送数据前先进行网络的可用性检测。802.3 协议采用 CSMA/CD 介质访问控制方法，然而，在无线系统中设备不能够一边接收数据信号一边传送数据。

无线网的 MAC 层采用避免冲突（CA）方法，而不是冲突检测（CD），即以 CSMA/CA 的方式共享无线媒体。

CSMA/CA 的运行机制如下。

1）要发送数据前，会检测信道上有没有数据在传送，检测持续时间同 CSMA/CD 类似，如果信道没有被占用就转到第 3）步；如果信道忙就转到第 2）步。

2）站点等待一段随机时间后，转到第 1）步。

3）站点发送数据之前，先发送一个 RTS 帧，接收端收到后回复 CTS 帧作为响应。

4）站点收到 CTS 帧后开始发送数据报。

5）一段时间后，站点没有收到回应则认为发生了冲突，再转到第 1）步。

2. 蓝牙技术

1994 年，挪威的爱立信公司要开发一项技术，使手机能和一组无线耳机连接，让用户不必再被电线所限制。1998 年，包括 IBM、Intel、诺基亚、东芝、三星等所有世界著名 IT 厂商共同组成了"蓝牙友好协会"，目的是制定短距离无线数据传输标准，这项标准就是"蓝牙"。目前已有多家通信、信息、电子、汽车等厂商参与。

蓝牙技术以无线局域网的 IEEE802.11 标准技术为基础，是一种用于替代便携或固定电子设备上使用的电缆或连线的短距离无线技术。设备使用无需许可申请的 2.45GHz 频段，可实时进行数据和语音传输，传输速率可达到 10Mb/s，在支持 3 个话音频道的同时还支持高达 723.2kb/s 的数据传输速率。

蓝牙技术能够提供数字设备之间的无线传输功能，不仅可以使得计算机、鼠标、键盘、打印机告别电缆线，而且可以实现将家中的各种电器设备如空调、电视、冰箱、微波炉、安全设备及移动电话等无线联网，从而通过手机实现遥控。上网浏览网页和发送电子邮件将更加方便。还可以使智能移动电话与笔记本电脑、掌上电脑以及各种数字化的信息设备不再使用电缆，而是用一种小型的、低成本的无线通信技术连接起来，从而形成无线个人网，实现资源无缝共享。

4.4 局域网组网技术

4.4.1 以太网

局域网发展到今天，在实际应用中已相当普及。在各种局域网技术中，以太网被广泛使用的。

以太网是一种产生较早且使用相当广泛的局域网，以太网最早是由美国 Xerox（施乐）公司创建的。1980 年，DEC、Intel 和 Xerox 三家公司联合提出了以太网规范，这是世界上第一个局域网的技术标准。后来的以太网国际标准 IEEE802.3 就是参照以太网的技术标准建立的，两者基本兼容。为了与后来提出的快速以太网相区别，通常又将这种按 IEEE802.3 规范生产的以太网产品简称为以太网。

几乎所有的以太网都遵从载波侦听多路访问/冲突检测（CSMA/CD）的通信规则。所有的以太网，不论其速度或帧类型是什么，都使用 CSMA/CD。通常将以太网分为共享式以太网和交换式以太网。其中，共享以太网是建立在网络介质共享的基础上的，使用集线器做中心控制设备，在同一时刻只能有两个结点相互通信。而交换式以太网则是使用交换机做中心控制设备，在同一时刻可以有多个结点相互通信。

4.4.2 传统以太网

传统以太网即标准以太网，是指那些运行速率为 10Mb/s 的以太网。虽然今天的以太网早已进化到快速以太网（Fast Ethernet，FE）、千兆位以太网（Gigabit Ethernet，GE）乃至万兆位以太网，但它们基本的工作原理都是从传统以太网发展而来，与传统以太网有着千丝万缕的联系。因此，学习传统以太网的工作原理仍然是学习其他新型网络技术的基础之一。

传统以太网目前所使用的传输介质有四类：粗同轴电缆、细同轴电缆、双绞线和光纤。相应地，传统以太网就有四种不同的物理层，如表 4-1 所示。

表 4-1 传统 10Mb/s 以太网的物理特性

选　　项	粗同轴电缆	细同轴电缆	双　绞　线	光　　纤
简写标识	10Base-5	10Base-2	10Base-T	10Base-F
每段最大长度	500m	185m	100m	2km
最大网络长度	2500m	925m	取决于主干类型	取决于连接形式
每段结点数	100	30	2	2
电缆类型	RG-8同轴电缆	RG-58同轴电缆	3类UTP电缆	62.5μm/125μm多模光纤
拓扑结构	总线型	总线型	星形	点对点
编码技术	曼彻斯特	曼彻斯特	曼彻斯特	曼彻斯特

下面分别介绍各种介质的规范。

1. 10Base-5 粗缆以太网

10Base-5 指定使用 50Ω 粗同轴电缆，传输速率是 10Mb/s。Base 表示采用曼彻斯特编码基带传输方式。每段电缆的最大长度是 500m，用中继器可以延长距离。IEEE802.3 规定一个以太网中最多使用 4 个中继器，因此采用 10Base-5 传输介质的网络的最大距离是 2.5km。需要注意的是，中继器延长的是物理距离，即用中继器延长后的不同的网段仍然属于一个竞争域。

50Ω 粗同轴电缆与插在计算机内的网卡之间是通过收发器及收发器电缆连接的。收发器的主要功能是从计算机经收发器电缆得到数据向同轴电缆发送，或从同轴电缆接收数据经收发器电缆送给计算机；检测在同轴电缆上发生的数据帧的冲突；在同轴电缆和电缆接口的电子设备之间进行电气隔离；当收发器或所连接的计算机出故障时，保护同轴电缆不受其影响。

但 50Ω 粗同轴电缆的价格较贵，并且连接很不方便，所以在 IEEE802.3 标准中用的不多。

2. 10Base-2 细缆以太网

10Base-2 指定使用细同轴电缆，并且在网卡上实现了收发器的功能，这样就可以省去了收发器及收发器电缆，代之以用 T 型头和 BNC 连接件实现细同轴电缆与插在计算机内的网卡之间的连接。这种连接价格低，并且方便。

10Base-2 每个网段的最大距离为 185m，同样规定最多只能用 4 个中继器连接 5 个网段。

使用细同轴电缆除价格低、安装简单外，因为其直径小还具有布线时在转弯处容易转弯等优点。

3. 10Base-T 双绞线以太网

10Base-T 标准规定使用双绞线作为传输介质、采用星型拓扑结构，各台联网计算机的双绞线都集中连接到集线器上。使用集线器的以太网从物理连接上看像星型网，在逻辑上仍是一个总线网，各工作站仍然共享逻辑上的总线，使用的还是 CSMA/CD 协议。一个集线器有多个端口，每个端口通过 RJ-45 连接器用两对双绞线与一个工作站上的网卡相连。集线器的每个端口都具有发送和接收数据的功能。当某个端口有数据到来时，将数据传输给其他端口，然后再发送给各个工作站。若有两个或更多的端口同时有数据来，则发生冲突，集线器就发送干扰信号。因此，一个集线器很像一个多端口的转发器。

一般情况下，10Base-T 使用的双绞线都是非屏蔽双绞线。集线器有 4 端口、8 端口、16 端口及 24 端口等类型，当一个集线器的端口数目不够时，可用几个集线器串接。

4. 10Base-F 光纤以太网

10Base-F 标准规定使用光纤为传输介质。

5. 拓扑设计举例

（1）10Base-5 粗缆以太网

10Base-5 的组网主要由网卡、同轴电缆、中继器、收发器、收发器电缆、端接器等设备组成。在粗缆以太网中，所有的工作站必须先通过屏蔽双绞线电缆与收发器相连，再通过收发器与干线电缆相连。如图 4-14 所示，在粗缆以太网中，一个网段中最多容纳 100 个工作站，工作站到收发器最大距离 50m，收发器之间最小间距 2.5m。

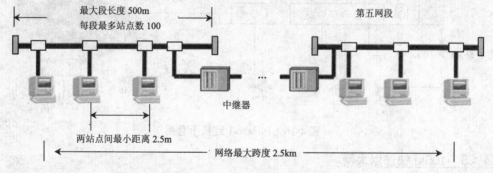

图 4-14 粗缆以太网 10Base-5

10Base-5 使用中继器进行扩展时必须遵守"5-4-3-2-1"原则，其中，"5"表示 5 个网段，"4"表示 4 个中继器，"3"表示 3 个网段为主机段，"2"表示 2 个网段为连接段，"1"表示都位于一个冲突域。也就是说，在由一个中继器或集线器延长的网络中，任意发送端和接收端最多只能经过 4 个中继器、5 个网段。图 4-14 给出了用中继器互连的网络。

（2）10Base-2 细缆以太网

10Base-2 由网卡、细同轴电缆、BNC-T 型连接器、端接器、中继器等设备组成，10Base-2 提供 BNC 接口，采用 T 型连接器将两段同轴电缆和网卡的 BNC 接口连接起来（T 形连接器与网卡上的 BNC 接口之间是直接连接，中间没有任何电缆）。如图 4-15 所示，在网段的两端安装上终结器。每一个网段的最远距离为 185m，每一个网段中最多能安装 30 个站。工作站之间的最小距离为 0.5m。

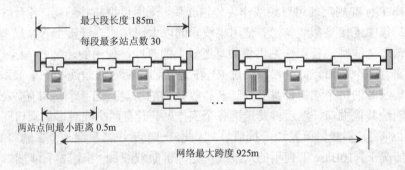

图 4-15　细缆以太网 10Base-2

10Base-2 用中继器进行网络扩展时，同样也要遵循"5-4-3-2-1"规则，所以扩展后的细缆以太网的最大网络长度为 925m。"5-4-3-2-1"规则只适用于 10Base-5 和 10Base-2 局域网。

（3）10Base-T 双绞线以太网

10Base-T 的组网由网卡、集线器、交换机、双绞线、RJ-45 接头等设备组成。图 4-16 是一个以集线器为星型拓扑中央结点的 10Base-T 网络，所有的工作站都通过传输介质连接到集线器上，工作站与集线器之间的双绞线最大距离为 100m，网络扩展可以采用多个集线器来实现。集线器之间的连接可以用双绞线、同轴电缆或粗缆线。

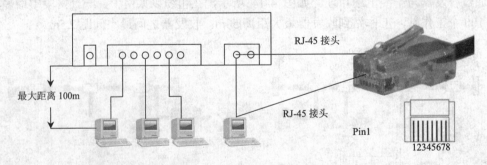

图 4-16　10Base-T 连接示意图

4.4.3　100M 快速以太网

随着网络的发展，传统标准的以太网技术已难以满足日益增长的网络数据流量速度需求。在 1993 年 10 月以前，对于要求 10Mb/s 以上数据流量的局域网应用，只有光纤分布式数据接口（FDDI）可供选择，但它是一种价格非常昂贵，而且基于 100Mb/s 光缆的局域网。1993 年 10 月，Grand Junction 公司推出了世界上第一台快速以太网集线器 FastSwitch10/100 和网络接口卡 FastNIC100，快速以太网技术正式得以应用。随后

Intel、SynOptics、3COM、BayNetworks 等公司亦相继推出自己的快速以太网装置。与此同时，IEEE802 工程组亦对 100Mb/s 以太网的各种标准，如 100Base-TX、100Base-T4、MII、中继器、全双工等标准进行了研究。1995 年 3 月，IEEE 宣布了 IEEE802.3u 100Base-T 快速以太网标准，开始了快速以太网的时代。

与原来在 100Mb/s 带宽下工作的 FDDI 相比，快速以太网具有许多的优点，主要体现在快速以太网技术可以有效的保障用户在布线基础实施上的投资，它支持 3、4、5 类双绞线以及光纤的连接，能有效的利用现有的设施。

快速以太网的不足其实也是以太网技术的不足，那就是快速以太网仍是基于载波侦听多路访问和冲突检测（CSMA/CD）技术，当网络负载较重时，会造成效率的降低，当然这可以通过交换技术来弥补。

100Mb/s 快速以太网标准又分为 100Base-TX 、100Base-FX、100Base-T4 三个子类，表 4-2 所示为快速以太网的 3 种物理层标准。

表 4-2　快速以太网的物理层标准

标准分类 比较参数	100Base-T4	100Base-TX	100Base-FX
线缆类型及连接器	3/4/5类UTP	5类UTP/RJ-45接头 1类STP/DB-9接头	62.5μm/125μm 多模光纤
线缆对数	4对（3对用于数据传输，1对用于冲突检测）	2对	2对
最大分段长度	100m	100m	半双工方式2km 全双工方式40km
编码方式	8B/6T	4B/5B	4B/5B

下面分别介绍3种标准的规范。

1. 100Base-T4 标准

100Base-T4 是一种可使用 3、4、5 类无屏蔽双绞线或屏蔽双绞线的快速以太网技术。它使用 4 对双绞线，3 对用于传送数据，1 对用于检测冲突信号。在传输中使用 8B/6T 编码方式，信号频率为 25MHz，符合 EIA586 结构化布线标准。它使用与 10Base-T 相同的 RJ-45 连接器，最大网段长度为 100m。

其主要优点是用于在 3 类非屏蔽双绞线上实现 100Mb/s 的数据传输速率。

2. 100Base-TX 标准

100Base-TX 是一种使用 5 类非无屏蔽双绞线或屏蔽双绞线的快速以太网技术。它使用两对双绞线，一对用于发送，一对用于接收数据。在传输中使用 4B/5B 编码方式，信号频率为 125MHz。符合 EIA586 的 5 类布线标准和 IBM 的 SPT 1 类布线标准。使用同 10Base-T 相同的 RJ-45 连接器。它的最大网段长度为 100m。它支持全双工的数据传输。

3. 100Base-FX 标准

100Base-FX 是一种使用光纤的快速以太网技术，可使用单模和多模光纤（62.5μm

和 125μm）多模光纤连接的最大距离为 550m。单模光纤连接的最大距离为 3000m。在传输中使用 4B/5B 编码方式，信号频率为 125MHz。它使用 MIC/FDDI 连接器、ST 连接器或 SC 连接器。它的最大网段长度为 150m、412m、2000m 或更长至 10km，这与所使用的光纤类型和工作模式有关，它支持全双工的数据传输。100Base-FX 特别适合于有电气干扰的环境、较大距离连接或高保密环境等情况下的适用。

4.4.4　千兆以太网

随着以太网技术的深入应用和发展，企业用户对网络连接速度的要求越来越高，1995 年 11 月，IEEE802.3 工作组委任了一个高速研究组（Higher Speed Study Group），研究将快速以太网速度增至更高。该研究组研究了将快速以太网速度增至 1000Mb/s 的可行性和方法。1996 年 6 月，IEEE 标准委员会批准了千兆位以太网方案授权申请（Gigabit Ethernet Project Authorization Request）。随后，IEEE802.3 工作组成立了 802.3z 工作委员会。IEEE802.3z 委员会的目的是建立千兆位以太网标准，包括在 1000Mb/s 通信速率的情况下的全双工和半双工操作、802.3 以太网帧格式、CSMA/CD 技术、在一个冲突域中支持一个中继器、10Base-T 和 100Base-T 向下兼容技术千兆位以太网具有以太网的易移植、易管理特性。千兆以太网在处理新应用和新数据类型方面具有灵活性，它是在赢得了巨大成功的 10Mb/s 和 100Mb/s IEEE802.3 以太网标准的基础上的延伸，提供了 1000Mb/s 的数据带宽。这使得千兆位以太网成为高速、宽带网络应用的战略性选择。

1000Mb/s 千兆以太网目前主要有 3 种技术版本：1000Base-SX，1000Base-LX 和 1000Base-CX 版本。1000Base-SX 系列采用低成本短波的光盘激光器（compact disc，CD）或者垂直腔体表面发光激光器（Vertical Cavity Surface Emitting Laser，VCSEL）发送器；而 1000Base-LX 系列则使用相对昂贵的长波激光器；1000Base-CX 系列则打算在配线间使用短跳线电缆把高性能服务器和高速外围设备连接起来。

4.4.5　10G 以太网

10Gb/s 的以太网标准由 IEEE802.3 工作组于 2000 年正式制定，10G 以太网仍使用与以往 10Mb/s 和 100Mb/s 以太网相同的形式，它允许直接升级到高速网络。同样使用 IEEE802.3 标准的帧格式、全双工业务和流量控制方式。在半双工方式下，10G 以太网使用基本的 CSMA / CD 访问方式来解决共享介质的冲突问题。此外，10G 以太网使用由 IEEE802.3 小组定义的、和以太网相同的管理对象。总之，10G 以太网仍然是以太网，只不过更快。但由于 10G 以太网技术的复杂性及原来传输介质的兼容性问题（目前只能在光纤上传输，与原来企业常用的双绞线不兼容了），还有这类设备造价太高，所以这类以太网技术目前还处于研发的初级阶段，还没有得到实质应用。

4.4.6　交换式以太网

在交换式以太网出现以前，以太网均为共享式以太网。对共享式以太网而言，整个网络系统都处在一个冲突域中，网络中的每个站点都可能在往共享的传输介质上发送帧，所有的站点都会因为争用共享介质而产生冲突，共享带宽为所有结点所共同分割，每个站点所占有的平均带宽等于共享带宽除以站点数。前面所介绍的 10Base-5、10Base-2 和采用集线器组网的 10Base-T 及 100Base-T 都属于共享式以太网，共享式以太网要受到 CSMA/CD 介质访问控制机制的制约。

例如，一个共享式以太网的数据传输速率为 10Mb/s，并且当前时刻有 10 个结点同时进行数据传输。由于以太网的介质访问控制方法是使用 CSMA/CD，那么根据概率则每个结点可以使用的最大传输速率只有 1Mb/s。

在 20 世纪 80 年代后期，伴随 10Base-T 的发展，出现了以太网交换机，到了 20 世纪 90 年代，快速以太网的交换技术和产品更是发展迅速。到了千兆和万兆以太网阶段，已经取消了对共享式以太网的支持，而转向只支持交换式以太网。交换式以太网的显著特点是采用交换机作为组网设备。

一个交换机能将一个网络段隔离成更小的网络段，这些小网络段彼此独立且只支持它自己的通信业务流量，每个网络段就是一个冲突域。交换以太网是一种更新的以太网模型，由于结点通过交换机分配到相互隔离的逻辑网络段中，因此多个结点可同时发送和接收数据并能独立地利用更多的带宽。

例如，一个 100Base-T 共享以太网采用的是 8 口的集线器进行连接，当结点之间进行通信时只能提供总共 100Mb/s 的数据通信流量；而一个 100Base-T 交换以太网采用的是 8 口的交换机进行连接，能保证任何时刻每两个设备间的通信速率为 100Mb/s，这样总共可提供的带宽为 8×100Mb/s=800Mb/s 的数据流量。

4.4.7 令牌环网与 FDDI

1. 令牌环网

令牌环网最早起源于 IBM 于 1985 年推出的环型基带网络。IEEE802.5 标准定义了令牌环网的国际规范。

令牌环网在物理层提供 4Mb/s 和 16Mb/s 两种传输速率，支持 STP/UTP 双绞线和光纤作为传输介质，但较多的采用 STP。使用 STP 时两个结点之间的最大距离可达 100m，使用 UTP 时最大距离为 45m。

令牌环网采用令牌传送的介质访问控制方法，因此在令牌环网中有两种 MAC 层的帧，即令牌帧和数据/命令帧。

采用确定型介质访问控制机制的令牌环网适合传输距离远、负载重和实时要求严格的应用环境，其缺点是令牌传送方法实现较复杂，而且所需硬件设备也较为昂贵，网络维护与管理也较复杂。

2. FDDI

FDDI（Fiber Distributed Data Interface）即光纤分布式数据接口，它是 20 世纪 80 年代中期发展起来的一项局域网技术，它提供的高速数据通信能力要高于当时的以太网（10Mb/s）和令牌网（4 或 16Mb/s）的能力。FDDI 标准由 ANSI X3T9.5 标准委员会制订，为繁忙网络上的高容量输入输出提供了一种访问方法。FDDI 网络的主要缺点是价格同前面所介绍的"快速以太网"相比贵许多，且因为它只支持光纤缆和 5 类电纤缆，所以使用环境受到限制，从以太网升级更是面临大量移植问题。

当数据以 100Mb/s 的速度输入输出时，FDDI 与 10Mb/s 的以太网和令牌环网相比性能有相当大的改进。但是随着快速以太网和千兆以太网技术的发展，使用 FDDI 的人越来越少。因为 FDDI 使用的通信介质是光纤，这一点它比快速以太网及现在的 100Mb/s 令牌网传输介质要贵许多。然而，FDDI 最常见的应用只是提供对网络服务器的快速访问，所以目前 FDDI 技术并没有得到充分的认可和广泛的应用。

FDDI 的访问方法与令牌环网的访问方法类似，在网络通信中均采用"令牌"传递。它与标准的令牌环又有所不同，主要在于 FDDI 使用定时的令牌访问方法。FDDI 令牌沿网络环路从一个结点向另一个结点移动，如果某结点不需要传输数据，FDDI 将获取令牌并将其发送到下一个结点中。如果处理令牌的结点需要传输，那么在指定的称为"目标令牌循环时间"（Target Token Rotation Time，TTRT）的时间内，它可以按照用户的需求来发送尽可能多的帧。

FDDI 采用的是定时的令牌方法，在给定时间中，来自多个结点的多个帧可能都在网络上，可以为用户提供高容量的通信。

FDDI 可以发送同步和异步两种类型的包。同步通信用于要求连续进行且对时间敏感的传输（如音频、视频和多媒体通信）；异步通信用于不要求连续脉冲串的普通的数据传输。FDDI 使用两条环路，当其中一条出现故障时，数据可以从另一条环路上到达目的地。连接到 FDDI 的结点主要有两类，即 A 类和 B 类。A 类结点与两个环路都有连接，由网络设备如集线器等组成，并具备重新配置环路结构以在网络崩溃时使用单个环路的能力；B 类结点通过 A 类结点的设备连接在 FDDI 网络上，B 类结点包括服务器或工作站等。

4.4.8 虚拟局域网

1. 虚拟局域网定义

传统的局域网中各站点共享传输信道，随着站点数量的增加，信道中传输的广播数据增加，信道冲突的概率也将增加。为了减少竞争域的范围，可以使用网桥或交换机将物理网络划分成不同的逻辑子网。但是，这种方法划分的逻辑子网的结构缺少灵活性，效率不高。由此，产生了虚拟局域网（Virtual LAN，VLAN）的概念。

所谓虚拟局域网是指局域网中的站点不受地理位置的限制，根据需要，灵活地将站点构成不同的逻辑子网，这种逻辑子网被称为虚拟局域网。VLAN 与使用交换机构成的一般逻辑子网的最大区别就是不受地理位置的限制，即构成 VLAN 的站点可以位于不同的物理网段。同一个 VLAN 的站点所发送的数据可以广播传输到该 VLAN 的所有站点，而不同 VLAN 的站点的数据不能直接广播传输。

2. 虚拟局域网的优点

1）使得网络的结构灵活，便于网络结构的变化。

2）可以有效地隔离 VLAN 间的广播数据，减少 VLAN 中广播数据的通信量。

3）可以有效地隔离 VLAN 间的访问，增加了网络内部的安全性。

4）方便了网络管理员对网络的维护和管理。

4.4.9　无线局域网

无线局域网是目前最新，也是最为热门的一种局域网，特别是自 Intel 推出首款自带无线网络模块的迅驰笔记本处理器以来。无线局域网与传统的局域网主要不同之处就是传输介质不同，传统局域网都是通过有形的传输介质进行连接的，如同轴电缆、双绞线和光纤等，而无线局域网则是采用空气作为传输介质。正因为它摆脱了有形传输介质的束缚，所以这种局域网的最大特点就是自由，只要在网络的覆盖范围内，可以在任何一个地方与服务器或其他工作站连接，而不需要重新铺设电缆。这一特点非常适合那些移动办公一族，如在机场、宾馆、酒店等（通常把这些地方称为"热点"），只要无线网络能够覆盖到，它都可以随时随地连接上无线网络，甚至因特网。

无线局域网采用的是 802.11 系列标准，它也是由 IEEE802 标准委员会制定的。目前这一系列标准主要有 4 个，分别为 802.11b、802.11a、802.11g 和 802.11z，前三个标准都是针对传输速度进行的改进，最开始推出的是 802.11b，它的传输速度为 11MB/s，因为它的连接速度比较低，随后推出了 802.11a 标准，它的连接速度可达 54MB/s。但由于两者不互相兼容，致使一些早已购买 802.11b 标准的无线网络设备在新的 802.11a 网络中不能用，所以正式推出了兼容 802.11b 与 802.11a 两种标准的 802.11g，这样原有的 802.11b 和 802.11a 两种标准的设备都可以在同一网络中使用。802.11z 是一种专门用于加强无线局域网安全的标准。因为无线局域网的"无线"特点，致使任何进入此网络覆盖区的用户都可以轻松以临时用户身份进入网络，给网络带来了极大的不安全因素。为此，802.11z 标准专门就无线网络的安全性方面做了明确规定，加强了用户身份论证制度，并对传输的数据进行加密。

4.5　简单局域网的构建实例

构建一个简单的局域网并不是一件很复杂的工作，但最好根据需求先做一个规划。规划时要考虑的问题主要有以下几个。

1）网络中有多少工作站。

2）选用什么样的拓扑结构。

3）网络的速度是多少。

4）选用什么样的网络连接设备。

5）选用什么样的网络传输介质。

6）选用什么类型的局域网。

下面用一个实际例子来说明。在这个例子中，我们要为一所大专院校构建一个实验室，主要用于学生上机，该实验室可以放置 100 台计算机，100 台计算机都需要联网，其中有 1 台作为服务器使用，剩余 99 台作为工作站，供学生上机使用。实验室最长距离不超过 100m。运行的操作系统为 Windows XP 和 Windows Server 2003。网络应支持因特网的访问。

1. 网络的类型

首先选择网络类型。如果没有什么特殊需求，一般总是选择以太网。以太网可适用于绝大多数类型的网络应用，而且其市场占有率在 90%以上，购买设备时选择余地非常大。

2. 网络的速度

由于网络中站点较多，并且学生上机要向服务器上交作业，所以，网络连接速度选择当前主流的 100Mb/s。

3. 网络拓扑结构

网络采用星型拓扑结构。这是因为总线型网络布线复杂，目前已很少使用，并且不支持 100Mb/s 的传输速率。而环型结构则不适用于以太网。

4. 传输介质

由于拓扑结构为星型，网络介质可以选用非屏蔽双绞线（UTP）或光纤，但为了减少成本，并且因为光纤不易于在小范围内布线，所以一般选择 UTP。UTP 常用的有 3 类和 5 类两种。3 类 UTP 只支持 10Mb/s 的传输速率，5 类 UTP 可支持 10Mb/s、100Mb/s、1000Mb/s 的传输速率。现在 5 类 UTP 的价格已很便宜，而且便于将来的网络扩展，所以决定选用 5 类 UTP。双绞线数量可用近似的方法估算，根据现场测量，99 台计算机要分十排摆放，最远距离为 60m，即每台工作站都按 0.8 倍最远距离计算（约 50m），需要（99 台工作站+1 台服务器+1 台路由器）×50m=5050m。通常市售的 UTP 每箱为305m，本例中共需要 17 箱。注意，双绞线的数量一定要留有余量。

5. 局域网连接设备

局域网连接设备可使用集线器，也可以使用交换机。由于现在交换机的价格较为便宜，而且交换机可以隔离冲突域，扩大带宽，所以选用交换机作为连接设备。在配置上可选用具有 24 个 10Mb/s 端口和 1 个 100Mb/s 端口的固定配置交换机。10Mb/s 端口可用于连接工作站和路由器，100Mb/s 端口用于连接服务器。因特网接入设备选用具有 1 个 10Mb/s 局域网端口的路由器，路由器广域网端口根据租用的电信线路来配置。

本例中需要联网的计算机总共 100 台，其中有 1 台作为服务器，那么就需要 5 台两速交换机，可以把 99 台工作站平均分配接在 5 台两速交换机上。

如果没有特殊需求，使用 TCP/IP 协议已能满足局域网和因特网访问的需要，无需再安装其他协议。

网络规划好后，就应该进行网络硬件的购置。所需的网络硬件及数量见表 4-3。

表 4-3　组网例子中所需的材料清单

序　号	材料和设备名称及规格	数　量
1	100Mb/s 自适应以太网卡，PCI 总线	100 个
2	5 类非屏蔽双绞线	17 箱

续表

序　号	材料和设备名称及规格	数　量
3	RJ-45 接头（每根双绞线需要 2 个，再加上余量）	220 个
4	24□10Mb/s 网络交换机	5 台
5	路由器	1 台
6	交换机架	1 台

网络硬件准备好后，就可以开始网络的安装与施工了。

首先制作双绞线连接电缆，按照第 2 章的实验步骤及要求，制作直通缆（连接计算机和交换机）。

此例的网络拓扑结构如图 4-17 所示。

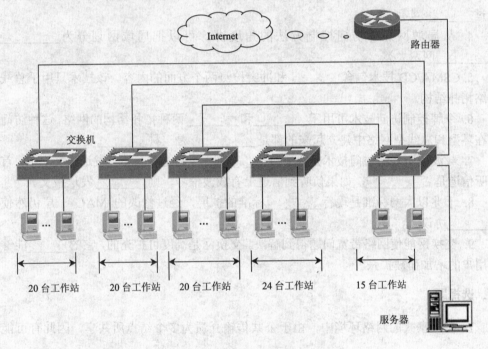

图 4-17　本例的网络拓扑结构图

小　结

局域网是由一组计算机及相关设备通过共用的通信线路或无线连接的方式组合在一起的系统，它们在一个有限的地理范围进行资源共享和信息交换。局域网的拓扑结构有星型、总线型、环型。

用于局域网的传输设备有网卡、集线器、交换机等。网络中的传输介质主要有双绞线、同轴电缆、光纤等。

局域网参考模型只对应于 OSI 参考模型的数据链路层和物理层，它将数据链路层划分为逻辑链路控制（LLC）子层和介质访问控制（MAC）子层。

目前局域网采用最多的介质访问控制技术为 CSMA/CD 和令牌环技术。

以太网按传输速度可以分为传统以太网、100M 以太网、千兆以太网和 10G 以太网。

思考与练习

一、填空题

1. 局域网是一种在_____地理范围内以实现_____和信息交换为目的，由计算机和数据通信设备连接而成的计算机网。

2. 局域网拓扑结构一般比较规则，常用的有星型拓扑结构、_____、_____。

3. 在局域网中，工作站或服务器连接到网络上，实现网络资源共享和相互通信都是通过_____实现的。

4. 从局域网媒体访问控制方法的角度讲，可以把局域网划分为_____网和_____网两大类。

5. CSMA/CD 技术包含_____和冲突检测两个方面的内容。该技术只用于总线型网络拓扑结构。

6. 令牌控制访问技术可用于_____和_____两种拓扑结构的网络，这种访问方式在环型和总线型网络中建立起来的都是_____，是一种_____。

7. 载波侦听多路访问技术是为了减少_____。它是在源站点发送报文之前，首先侦听信道是否_____，如果侦听到信道上有载波信号，则_____发送报文。

8. 千兆以太网标准是现行_____标准的扩展，经过修改的 MAC 子层仍然使用_____协议。

9. 交换网能使网络带宽问题得到解决。交换网是高度可扩充的，它的_____能够随着用户的增加而被扩张。

二、选择题

1. 在共享式的网络环境中，由于公共传输介质为多个结点所共享，因此有可能出现_____。

　　A. 拥塞　　　　　　B. 泄密　　　　　　C. 冲突　　　　　　D. 交换

2. 以下_____表示网卡的物理地址（MAC 地址）。

　　A. 192.168.63.251　　　　　　　　　B. 19-23-05-77-88

　　C. 0001.1234.Fbc3　　　　　　　　　D. 50-78-4C-6F-03-8D

3. 采用 CSMA/CD 通信协议的网络为_____。

　　A. 令牌网　　　　　B. 以太网　　　　　C. 因特网　　　　　D. 广域网

4. 以太网的拓扑结构是_____。

　　A. 星型　　　　　　B. 总线型　　　　　C. 环型　　　　　　D. 树型

5. 与以太网相比，令牌环网的最大优点是_____。

　　A. 价格低廉　　　　B. 易于维护　　　　C. 高效可靠　　　　D. 实时性

6. IEEE802 工程标准中的 802.3 协议是_____。

  A. 局域网的载波侦听多路访问标准   B. 局域网的令牌环网标准

  C. 局域网的令牌总线标准   D. 局域网的互连标准

 7. IEEE802 为局域网规定的标准只对应于 OSI 参考模型的_____。

  A. 第一层 B. 第二层 C. 第一层和第二层 D. 第二层和第三层

 8. 交换局域网的系统布线，采用的是_____结构。

  A. 星型   B. 环型   C. 总线型   D. 树型

三、简答题

 1. 简述局域网的主要特点。

 2. 简述局域网的组成。

 3. 星型拓扑结构最主要的特点是什么？

 4. 总线型拓扑结构最主要的特点是什么？

 5. 简述 CSMA/CD 的工作过程。

 6. 简述令牌环的工作过程。

 7. IEEE802 局域网参考模型与 ISO/OSI 参考模型有何异同？

 8. 数据链路层的两个主要子分层是什么？它们的主要功能是什么？

◆ 实　训

项目　组建一个对等网

  组建小型的对等局域网比较简单，它不需要服务器，在低造价的情况下就可以达到资源共享的目的，在实际工作中被广泛使用。小型对等网从两台计算机的对连到几十台计算机的互连都可以使用。

  组建一个小型局域网的过程包括对硬件部分的设计、连接、安装与调试，以及对软件进行的安装和配置。对等局域网的物理拓扑结构通常采用星型，在局域网中，由于使用中央设备的不同，导致局域网的物理拓扑结构和逻辑拓扑结构也会不同。在集线器作为中央设备连接所有计算机时，其物理结构是星型拓扑结构，而逻辑结构是总线型拓扑结构。在使用交换机做中央设备连接所有计算机时，物理结构与逻辑结构都是星型的，是真正的星型拓扑结构。如图 4-18 所示，就是一个用交换机实现的星型拓扑结构的对等网。

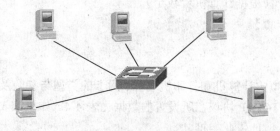

图 4-18　用交换机实现的对等网

【实训目的】

1. 理解对等网的基本概念、特点

知识点：对等网也称工作组网，在这种体系架构下，网内成员地位都是对等的，网络中不存在管理或服务核心的主机，即各个主机间无主从之分，并没有客户机和服务器的区别。在对等网中没有域，只有工作组。由于工作组的概念没有域的概念那样广，因此在对等网组建时不需要进行域的配置，而只需对工作组进行配置。对等网中所包含的计算机数量一般不多，通常限制在一个小型机构或部门内部，各主机之间的对等交换数据和信息。网络中任一台计算机既可作为网络服务器，为其他计算机提供共享资源，也可作为工作站，用来分享其他网络服务器所共享的资源。通过对等网可以实现部门或组织内部数据资源、软件资源、硬件资源的共享。对等网网络具有结构简单，易于实现，网络成本低，网络建设和维护简单，网络组建方式灵活，可选用的传输介质较多等优点。其不足之处在于网络支持的用户数量较少，网络性能较低，网络安全及保密性差，文件管理分散，计算机资源占用大。

2. 掌握对等网的组建方法和对等网中资源共享的设置方法

知识点：TCP/IP（Transmission Control Protocol/Internet Protocol）传输控制协议/网际协议，也称为网络通信协议。该协议是一个四层的分层体系结构，是一组由 TCP 协议和 IP 协议以及其他的协议组合在一起构成的协议族，是因特网最基本的协议之一。TCP/IP 协议定义了电子设备如何连入因特网，以及数据在网络之间传输的标准。在该协议中，传输控制协议（TCP, Transmission Control Protocol）是面向连接的，能够提供可靠的交付，该协议负责收集文件信息或者将大的文件拆分成适合在网络上传输的包，当数据通过网络传到达接收端的 TCP 层，接收端的 TCP 层根据协议规定将包还原为原始文件。网际协议（IP, Internet Protocol）通过处理每个 IP 包的地址信息，进行路由选择，使这 IP 数据包正确地到达目的地。TCP/IP 协议使用客户端/服务器模式进行通信。用户数据包协议（UDP）、因特网控制信息协议（ICMP）、内部网关协议（IGP）、外部网关协议（EGP）、边界网关协议（BGP）与 TCP 协议、IP 协议等共同组成 TCP/IP 协议族。

【实训环境】

1）安装了 Windows XP 操作系统的计算机若干（根据学生人数定）。

2）已做好的双绞线。

3）交换机若干（根据计算机台数定）。

【实训内容与步骤】

1. 数据准备

数据准备包括拟定计算机和打印机名称、网卡的类型与参数及其所使用的协议及参数。在网络中使用 TCP/IP 协议，所设置的数据见表 4-4。如果比表中计算机数量多，那么计算机名称及 IP 地址依此类推。

表 4-4 对等网的有关数据

项 目	名 称	TCP/IP 协议		NetBEUI 协议
		IP 地址	子网掩码	
计算机-1	name-1	192.168.0.1	255.255.255.0	NetBEUI
计算机-2	name-2	192.168.0.2	255.255.255.0	NetBEUI
计算机-3	name-3	192.168.0.3	255.255.255.0	NetBEUI
计算机-4	name-4	192.168.0.4	255.255.255.0	NetBEUI
计算机-5	name-5	192.168.0.5	255.255.255.0	NetBEUI
打印机	Epson 1600K	无		
工作组	Group1	无		

2. 实验拓扑

按图 4-19、图 4-20 的拓扑结构图连接设备。用交叉线连接 2 台实验计算机（由 2 台计算机构成的对等网），或者用直通线将 3 台计算机连接到 D-link 交换机（由 3 台计算机构成的对等网），从而完成网络硬件的连接。

图 4-19 两台计算机组成的对等网   图 4-20 三台计算机组成的对等网

3. 安装网卡驱动程序

由于 Windows XP 自带的网卡驱动程序较多，大多数情况下用户无需手动安装驱动程序而由系统自动识别并自动安装驱动程序。是否正确安装好网卡驱动程序，可以通过"计算机管理"中的"设备管理器"查看，正确安装网卡驱动后的设备管理器如图 4-21 所示。

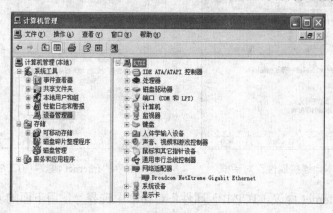

图 4-21 正确安装网卡驱动示意图

4. 安装和设置网络通信协议

通常安装网卡后，其基本的网络组件，如网络客户端、TCP/IP 协议都已安装，只需进行一些必要的配置就可，步骤如下：

（1）用鼠标右击桌面上的"网上邻居"，选择"属性"，打开"网络连接"窗口。如图 4-22 所示。

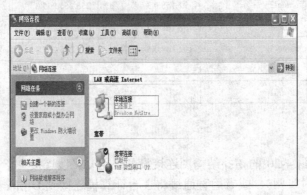

图 4-22 "网络连接"窗口

（2）在"网络连接"窗口中，用鼠标右击"本地连接"，选择"属性"，打开"本地连接属性"对话框中的"常规"选项卡，如图 4-23 所示。

（3）查看"此连接使用下列项目"列表框中是否含有"Microsoft 网络客户端"和"Internet 协议（TCP/IP）"项，默认情况下 Windows XP 中都已经安装了这两项，不用单独安装。如果不小心删除了，可以单击"安装"按钮重新安装。

（4）在"本地连接属性"对话框中的"常规"选项卡中，选择"Internet 协议（TCP/IP）"项，然后单击"属性"按钮，出现设置 IP 地址及子网掩码对话框，如图 4-24 所示。

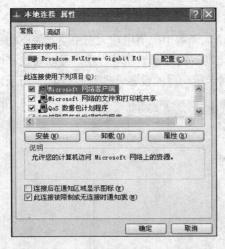
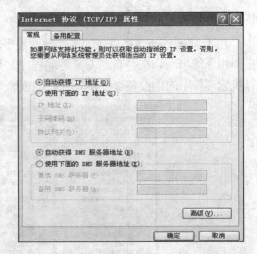

图 4-23 "本地连接属性"对话框　　图 4-24 "Internet 协议（TCP/IP）"属性对话框

（5）在"Internet 协议（TCP/IP）属性"对话框中选择"使用下面的 IP 地址"和"使用下面的 DNS 服务器地址"，并按图 4-25、图 4-26 和图 4-27 所示将 3 台计算机的 IP 地址分别设为"192.168.0.2"、"192.168.0.3"和"192.168.0.4",子网掩码都为"255.255.255.0",其他地方不用填写(注意:以上设置是在 2 台或者 3 台不同的计算机上分别填写的)。也可按所在网络的 IP 地址要求设置成 5 子网的 IP。

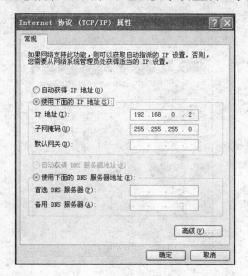 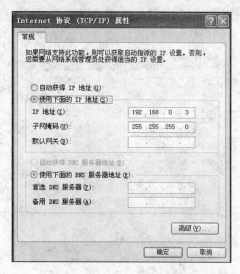

图 4-25 "Internet 协议(TCP/IP)属性"对话框一 图 4-26 "Internet 协议(TCP/IP)属性"对话框二

5. 标识网络计算机

(1)用鼠标右击桌面上的"我的电脑",在弹出的菜单中选择"属性",弹出"系统属性"对话框,选择"计算机名"选项卡,如图 4-28 所示。

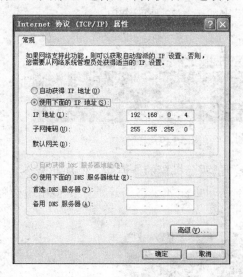 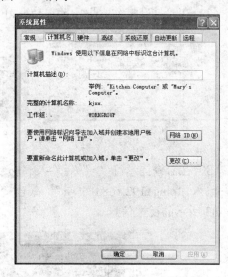

图 4-27 "Internet 协议(TCP/IP)属性"对话框三 图 4-28 "系统属性"对话框

(2)点击"系统属性"对话框中的"更改"按钮,弹出"计算机名称更改"对话框,如图 4-29 所示。

(3)在"计算机名"文本框中输入计算机名,在"工作组"文本框中输入工作组名

（由于网络中共有 3 台计算机，可将第 1 台计算机命名为"kj01"，其余 2 台分别命名为"kj02"和"kj03"；这里假设工作组为"kjxx"），更改后的第 1 台计算机如图 4-30 所示，其余 2 台计算机的设置方法类似。

（4）设置成功后单击"确定"按钮，返回"系统属性"对话框。设置完毕必须按要求重新启动计算机，以便使设置生效。

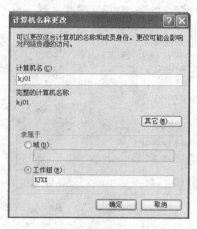

图 4-29　"计算机名称更改"对话框一　　　图 4-30　"计算机名称更改"对话框二

6．网络连通性测试

完成各类配置后，可对网络进行测试，以检测网络是否连通。
（1）单击桌面左下角"开始"，选择"运行"，弹出如图 4-31 所示对话框。
（2）在"打开"文本框中输入"cmd"，弹出如图 4-32 所示窗口。

图 4-31　"运行"对话框　　　　　　图 4-32　测试窗口

（3）在命令提示符">"后输入 ping 命令测试两台机器的连通性，例如在命令提示符后输入"ping 192.168.0.3 –t"，敲击"回车"即可。如果网络连通，则会出现类似图 4-33 所示的反馈信息。

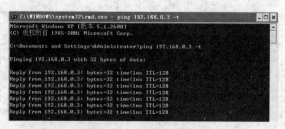

图 4-33　网络连通反馈信息

7. 设置文件共享

设置文件共享的目的是为了使自己计算机上的文件资源能被网络上的其他计算机共享。设置文件共享的操作步骤如下：

（1）用鼠标双击桌面上"我的电脑"，打开"我的电脑"窗口。

（2）右击"本地磁盘（D）"，在弹出的快捷菜单中选择"共享和安全"选项，弹出"本地磁盘（D）属性"对话框；选择"共享"选项卡，将光标指向"如果您知道风险，但还要共享驱动器的根目录，请单击此处。"如图 4-34 所示。

（3）单击链接处，弹出共享和安全设置对话框，如图 4-35 所示。

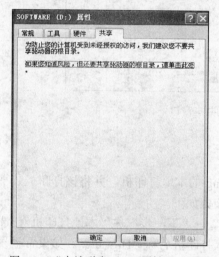

图 4-34　"本地磁盘（D）属性"对话框

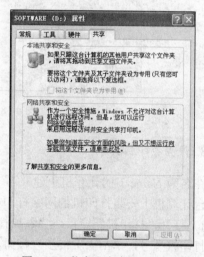

图 4-35　共享和安全设置对话框

（4）在"共享"选项卡中单击"如果您知道在安全方面的风险，但又不想运行向导就共享文件，请单击此处。"链接处，弹出"启用文件共享"对话框，如图 4-36 所示。

（5）在"启用文件共享"对话框中选中"只启用文件共享"，单击"确定"按钮，返回"共享"选项卡，如图 4-37 所示。

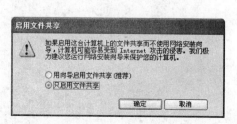

图 4-36　"启用文件共享"对话框

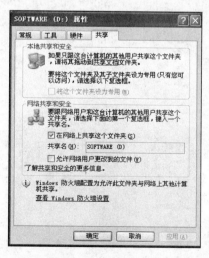

图 4-37　"共享"选项卡

（6）选中"在网络上共享这个文件夹"复选框，单击"确定"按钮，完成文件的共享设置。

（7）在"我的电脑"窗口中可以看到，"本地磁盘（D）"的图标有一只手托着，表示 D 盘上所有的文件已经对所有的网络用户开放，网络用户可以通过"网上邻居"访问共享硬盘下资源，如图 4-38 所示。

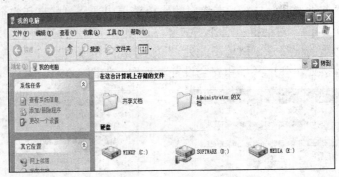

图 4-38　正确共享窗口

8. 设置打印机共享

在名为 Name-1 的计算机上建立名 Hpwang 的本地打印机，并将该打印机共享，在另一台计算机上安装打印机的网络打印机，步骤如下。

1）打开"打印机"窗口→"添加打印机"→"下一步"→"本地打印机"，选择厂商和打印机型号，单击"下一步"按钮，输入打印机名称"Hpwang"。如果希望设置这台打印机为默认的打印机，选择"是"，单击"下一步"按钮，选择"共享为"单选框，设置共享的打印机名。

2）在 Name-2 计算机上设置网络打印机。打开"打印机"窗口→"添加打印机"→"下一步"→"网络打印机"→"下一步"，在查找网络打印机对话框中，直接输入或浏览网络打印机的路径和名称。

第 5 章

常用网络操作系统的使用

本章学习目标 ☞
- 理解网络操作系统的定义及功能。
- 掌握网络操作系统的分类。
- 了解主流的网络操作系统。
- 掌握 Windows Server 2003 操作系统的安装、删除与客户机的配置。
- 理解 UNIX 操作系统、Linux 操作系统的发展与特点。

本章要点内容 ☞
- 网络操作系统的功能与作用。
- 常用网络操作系统 Windows Server 2003 操作系统、UNIX 操作系统、Linux 操作系统的发展及特点。
- Windows Server 2003 的安装、删除与客户机的配置。

本章学前要求 ☞
- 对操作系统有一定的了解。
- 掌握 Windows Server 2003 的一些常用操作。

5.1 网络操作系统概述

5.1.1 网络操作系统的定义及功能

1. 网络操作系统的定义

网络操作系统（Network Operation System，NOS）是指能使网络上多台计算机方便而有效的共享网络资源，为用户提供所需的各种服务的操作系统。

计算机网络操作系统是网络用户与计算机网络之间的接口，是一种能为网络用户提供资源共享与数据传输的软件环境，是提供安全保证的系统软件。通常提供网络登录、网络协议、网络服务、网络通信、网络安全等方面的网络控制和管理功能。目前主要的网络操作系统有 Microsoft 公司的 Windows 系列（如 Windows 2000、Windows Server 2003）、UNIX 系列、Novell 公司的 NetWare 系列，以及近年来发展迅速的自由软件 Linux 操作系统等。

2. 网络操作系统的功能

从应用的角度来看，网络操作系统可以实现如下功能。

（1）资源共享

资源共享包括文件、打印机等设备的共享。例如，文件共享是指授权的网络用户可以通过网络对其他计算机上的文件进行读、写、执行等远程访问操作；打印机共享是指在一个网络内的多个用户可以远程使用一台被共享的打印机进行打印操作。

（2）信息传输

把信息从网络上的一台计算机传输到另一台计算机。例如，文件传输（包括文件上传和下载）是将一个或多个文件从一台计算机有条件地传送到另一台计算机，电子邮件收发是通过网络将文本、图像、音视频等数据以电子邮件形式传送给网络中的指定用户。

（3）信息检索和发布

网络用户通过网络查找自己所需要的信息，同时也可以发布自己的信息。例如，网页发布是通过 Web 服务器发布 HTML 网页，网页浏览是通过 Web 浏览器查看 HTML 网页。

（4）远程交互通信

用户可以通过网络与异地的网络用户进行远程实时交流，例如 BBS、聊天室、QQ（点对点实时交谈）、网络会议等。

（5）计算机网络计算

将一个复杂而耗时的计算问题通过网络提交给网络中的不同计算机进行分布计算，网络操作系统负责如何分配任务。

（6）网络控制

用户通过本地计算机对具备网络功能的各种信息设备进行远程控制。

（7）电子商务

用户通过网络完成各种授权网络交易，如网上购物、网络股市、网络银行等。

为了实现上述高层应用，网络操作系统不仅应具备普通操作系统的基本功能，还必须提供更多特有的功能。

（8）程序与进程管理

由于网络操作系统具有多用户多任务的特点，因此系统必须能管理多个程序和进程的协同工作，为程序和进程的建立、运行、结束提供支持。

（9）内存管理

在多用户多任务的网络操作系统中，内存是一种宝贵的资源，合理而有效地管理内存，不仅是优化系统性能的需要，而且可以使系统乃至整个网络可靠运行。

（10）文件系统管理

在网络中，一方面要为授权用户提供文件资源的共享，另一方面为了保护重要的数据，防止系统遭受人为侵犯，必须建立文件保护机制。

（11）设备管理

主要指设备的安装、控制、分配、共享等。

（12）日志管理

网络操作系统还应该能够记录系统的使用情况，如对特定资源的访问、性能监视、事件记录等，系统管理员可利用这些数据判断事件发生原因，优化系统性能。

（13）多用户管理

多用户管理是指提供用户账号、权限、安全性管理、容错和性能控制、路由管理、错误检测和处理等网络管理功能。

5.1.2　网络操作系统的分类

一个局域网中存在着 3 种角色的计算机：客户机、对等计算机、服务器。客户机只能使用网络资源，但不能提供网络资源；对等计算机能同时使用和提供网络资源；服务器提供网络资源。每台计算机所扮演的角色取决于计算机使用的操作系统的类型。在计算机网络中主要有两种网络类型，对等网络和基于服务器的网络。

1．对等网络

对等（peer-to-peer）网络的特点是：联网结点地位平等，安装在每个网络结点的网络操作系统软件都是相同的，联网计算机的资源在原则上都是可以相互共享的，网中任何两结点之间都可以直接实现通信。正是由于联网计算机的地位是平等的，不存在明确的服务器与工作站之类的分工，因此我们通常将对等结构的计算机统称为局域网的结点。典型的对等局域网的结构如图 5-1 所示。对等结构的网络操作系统可以提供共享硬盘、共享打印机、电子邮件、共享屏幕与共享 CPU 等服务。

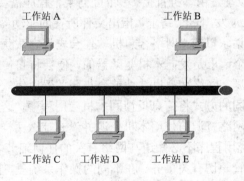

图 5-1　对等网络

对等网络的优点是结构简单，网中任何两结点均能实现直接通信。缺点是每台联网结点既要完成工作站的功能，又要完成服务器的功能，结点除了要完成本地用户的信息处理任务，还要承担较重的网络通信管理和共享资源任务，这将加重联网计算机的负荷。对于联网计算机来说，由于同时要承担繁重的网络服务与管理任务，因而信息处理能力明显降低。因此，对等结构网络支持的信息系统一般规模都比较小。

2. 基于服务器的网络

针对对等网络的缺点，人们进一步提出了非对等结构网络的设计思想，即将联网结点分为两类：网络服务器和网络工作站，如图 5-2 所示。

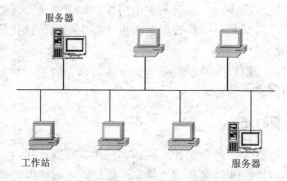

图 5-2　基于服务器与工作站的网络结构

在非对等结构中，联网计算机有明确的分工。网络服务器采用高配置与高性能计算机，以集中方式管理局域网的共享资源，为网络工作站提供服务。网络工作站一般可以采用配置较低的微型机，它主要为本地用户访问本地资源与访问网络资源提供服务。非对等结构网络操作系统软件分为并列的两部分：一部分运行在服务器上，另一部分运行在工作站（客户机）上。由于服务器集中管理网络资源与服务，因此它是局域网的逻辑中心。安装与运行在网络服务器上的网络操作系统软件的功能与性能直接决定着网络服务功能的强弱，以及系统性能与安全性，是网络操作系统的核心部分。

（1）客户机软件

客户机网络软件的作用是使客户计算机能方便地使用网络服务。通过这种软件，对客户机而言，网络服务似乎是由本机直接提供的。当某个程序需要打开一个文件的时候，向操作系统比如 Windows 发出一个请求，指出文件所在的驱动器、路径以及文件名。在 Windows 获得这个文件请求以前，网络客户机软件会先将它截获，判断驱动器字母是否指向共享资源。如果这个请求是发向本机驱动器的，便会将它传递给本机操作系统。如果请求发向某个网络资源，网络客户机软件就会与服务器通信，传送文件的内容，然后按照与本机操作系统相同的方式将信息反馈回本机应用程序。这样一来，用户几乎感觉不到网络的存在，使用网络资源与使用本机资源并没有什么两样。

为使用网络资源，应用程序不必知道与网络有关的任何细节。一旦需要与网络通信，网络客户机软件就会接管一切有关事务。在不同的操作系统里，网络客户机软件有不同的名称。在 Novell Netware 里，这种软件叫做请求者，因为它请求服务器服务，而在微软和 IBM 网络里，客户机软件则被叫做重定向器，因为它截获网络请求，并将请求转发给服务器。

（2）服务器软件

服务器软件的主要作用如下。

1）管理用户账号。网络操作系统要求用户提供用户名和口令通过安全检查，保证网络资源不被非法用户访问，从而维护网络的安全，这种安全检查过程通常称为登录。

只有登录进入后，用户才有权访问网络资源。用户的资料存放在用户账号数据库里，这个数据库由网络管理员进行管理。

2）数据保护。网络操作系统支持对数据的保护，如数据备份、容错文件系统、不间断电源等。容错文件系统是网络操作系统的组成部分，通过一种特殊的方式，确保操作系统不会因偶然因素造成对文件的破坏。

3）多用户多任务操作。当很多用户同时访问网络操作系统的资源时，网络操作系统将众多服务请求接收下来，形成一个个任务，接着操作系统为每个任务产生一个或多个进程，通过多线程能力处理每一个进程。同时网络操作系统将 CPU 的处理时间分时，通过多任务能力处理每一个进程，当进程处理后，任务也随之完成。

5.1.3　主流网络操作系统

目前常见的网络操作系统有 Microsoft 公司的 Windows NT/2000/Server 2003，Novell 公司的 NetWare、UNIX 操作系统和 Linux 操作系统。

Windows 网络操作系统的图形化界面易于理解、记忆和操作。本书将主要讲述 Windows 网络操作系统及其支持的各种网络应用，并以目前主流的 Windows Server 2003 网络操作系统为例。

另外，人们常说的NT网实际上是指网络操作系统采用Microsoft公司的Windows NT 的网络操作系统。同样，人们常说的 Novell 网实际上是指网络操作系统采用 Novell 公司 NetWare 的网络操作系统。

5.2　Windows Server 2003 网络操作系统

5.2.1　Windows Server 2003 概述

Windows Server 2003 是微软公司在 Windows 2000 的基础上推出的新一代网络操作系统。最初叫作"Windows .NET Server"，后改成"Windows .NET Server 2003"，最终被改成"Windows Server 2003"，于 2003 年 3 月 28 日发布，并在同年四月底上市。Windows Server 2003 相对于 Windows 2000 做了很多改进，如：改进的 Active Directory（活动目录）；改进的 Group Policy（组策略）操作和管理；改进的磁盘管理，可以从 Shadow Copy（卷影复制）中备份文件；特别是在改进的脚本和命令行工具，对微软来说是一次革新：把一个完整的命令外壳带进下一版本。

Windows Server 2003 操作系统吸取了 Windows 2000 Server 技术的精华，并且使其更加易于部署、管理和使用，具有可靠、高效、联网和经济等特点。

1. 可靠

Windows Server 2003 具有可用性、可伸缩性和安全性，这使其成为高度可靠的平台。

可用性：Windows Server 2003 系列增强了群集支持，从而提高了其可用性。对于部署业务关键的应用程序、电子商务应用程序和各种业务应用程序的单位而言，群集服务是必不可少的，因为这些服务大大改进了单位的可用性、可伸缩性和易管理性。在

Windows Server 2003 中，群集安装和设置更容易也更可靠，而该产品的增强网络功能提供了更强的故障转移能力和更长的系统运行时间。

可伸缩性：Windows Server 2003 系列通过由对称多处理技术（SMP）支持的向上扩展和由群集支持的向外扩展来提供可伸缩性。内部测试表明，与 Windows 2000 Server 相比，Windows Server 2003 在文件系统方面提供了更高的性能（提高了 140%），其他功能（包括 Microsoft Active Directory 服务、Web 服务器和终端服务器组件以及网络服务）的性能也显著提高。Windows Server 2003 是从单处理器解决方案一直扩展到 32 路系统的。它同时支持 32 位和 64 位处理器。

安全性：通过将因特网、Extranet 和 Internet 站点结合起来，各公司超越了传统的局域网（LAN）。因此，系统安全问题比以往任何时候都更为严峻。作为 Microsoft 对可信赖、安全和可靠的计算的承诺的一部分，公司认真审查了 Windows Server 2003 系列，以弄清楚可能存在的错误和缺陷。Windows Server 2003 在安全性方面提供了许多重要的新功能和改进，包括：

公共语言运行库。本软件引擎是 Windows Server 2003 的关键部分，它提高了可靠性并有助于保证计算环境的安全。它降低了错误数量，并减少了由常见的编程错误引起的安全漏洞。因此，攻击者能够利用的弱点就更少了。公共语言运行库还验证应用程序是否可以无错误运行，并检查适当的安全性权限，以确保代码只执行适当的操作。

因特网信息服务 6.0。为了提高 Web 服务器的安全性，因特网信息服务（IIS）6.0 的默认配置提供了最大安全性。IIS 6.0 和 Windows Server 2003 提供了最可靠、最高效、连接最通畅以及集成度最高的 Web 服务器解决方案，该方案具有容错、请求队列、应用程序状态监控、自动应用程序循环、高速缓存以及其他更多功能。这些功能是 IIS 6.0 中许多新功能的一部分，它们使您得以在 Web 上安全地开展业务。

2. 高效

Windows Server 2003 在许多方面都具有使机构和雇员提高工作效率的能力，包括：

文件和打印服务：任何 IT 组织的核心都要求能够对文件和打印资源进行有效地管理，同时允许用户安全地使用它们。随着网络的扩展，位于现场、远程位置甚至合伙公司中的用户不断增加，IT 管理员面临着日益繁重的负担。Windows Server 2003 操作系统提供了智能文件和打印服务，其性能和功能性都得到提高，从而使您降低总体拥有成本。

Active Directory：Active Directory 是 Windows Server 2003 操作系统的目录服务。它存储了有关网络上对象的信息，并且通过提供目录信息的逻辑分层组织，使管理员和用户易于找到该信息。Windows Server 2003 为 Active Directory 带来了很多改善措施，使其更通用、更可靠，也更经济。在 Windows Server 2003 中，Active Directory 提供了增强的性能和可伸缩性，它还允许您更加灵活地设计、部署和管理组织的目录。

管理服务：随着桌面计算机、便携式计算机和便携式设备上计算量的激增，维护分布式个人计算机网络的实际成本也显著增加了。通过自动化来减少日常维护是降低运营成本的关键。Windows Server 2003 新增了几个重要的自动管理工具，包括 Windows 服务器更新服务（WSUS）和服务器配置向导，新的组策略管理控制台（GPMC）使得管理组策略更加容易，这样更多的组织可以更好地利用 Active Directory 服务及其强大的管理功能。此外，管理员可以使用命令行工具从命令控制台执行大多数任务。

存储管理：Windows Server 2003 在存储管理方面引入了新功能和增强功能，这使得管理及维护磁盘和卷、备份和还原数据以及连接存储区域网络（SAN）更为简易和可靠。

终端服务：Windows Server 2003 的终端服务组件构建在 Windows 2000 终端服务中可靠的应用服务器模式之上。终端服务使您可以为几乎任何类型的计算设备（包括那些不能运行 Windows 的设备）提供基于 Windows 的应用程序或 Windows 桌面本身。

3. 联网

Windows Server 2003 包含许多新功能和改进，以确保您的组织和用户保持连接状态：

XML Web 服务：IIS 6.0 是 Windows Server 2003 的重要组件。管理员和 Web 应用程序开发人员需要一个兼具可扩展性和安全性的快速、可靠的 Web 平台。IIS 中的重大结构改进包括一个新的进程模型，它极大地提高了可靠性、可伸缩性和性能。默认情况下，IIS 以锁定状态安装，安全性得到了提高，因为系统管理员可以根据应用程序要求来启用或禁用系统功能。此外，支持直接编辑 XML 元数据也改善了管理。

联网和通信：对于面临全球市场竞争挑战的组织来说，网络和通信的重要性是前所未有的。员工需要在任何地点、使用任何设备接入网络，合作伙伴、供应商和网络外的其他机构需要与关键资源进行高效地相互沟通，安全性比以往任何时候都更重要。Windows Server 2003 操作系统的网络改进和新增功能扩展了网络基础结构的多用性、可管理性和可靠性。

企业 UDDI 服务：Windows Server 2003 包括企业 UDDI 服务，它是 XML Web 服务的一种动态而灵活的基础结构。这种基于标准的解决方案使公司能够运行自己的内部 UDDI 服务，以供 Intranet 和 Extranet 使用。开发人员能够轻松而快速地找到并重新使用在组织内可用的 Web 服务。IT 管理员能够对其网络中的可编程资源进行编录和管理。使用企业 UDDI 服务，公司能够生成和部署更智能、更可靠的应用程序。

Windows 媒体服务：Windows Server 2003 包括业内最强大的数字流媒体服务。这些服务是 Microsoft Windows Media 技术平台下一个版本的一部分，该平台还包括新版的 Windows 媒体播放器、Windows 媒体编辑器、音频/视频编码解码器以及 Windows 媒体软件开发工具包。

4. 经济

PC 技术提供了最经济高效的芯片平台，这是采用 Windows Server 2003 的一个重要经济动机。但这不过是开始，Windows Server 2003 为向上和向外扩展提供了最经济的方法，并提供了将效率提高 30%的 IT 基础结构。使用 Windows Server 2003 中自带的许多重要服务和组件，各组织可以很快从这个易于部署、管理和使用的集成平台中获益。

当用户采用 Windows Server 2003 后，就成为了帮助使 Windows 平台更高效的全球网络中的一员。这种提供全球服务和支持的网络有如下优点：

广泛的 ISV 体系：Microsoft 拥有遍布全球的大量独立软件供应商（ISV），他们支持 Microsoft 应用程序并在 Windows 平台上构建经认证的自定义应用程序。

全球服务：Microsoft 得到世界各地 450 000 多位 Microsoft 认证的系统工程师（MCSE）以及供应商和合作伙伴的支持。

培训选项：Microsoft 提供广泛 IT 培训，使 IT 人员只需交付适当的费用即可继续提高他们的技能。

经过认证的解决方案：Windows 包含第三方 ISV 提供的成千上万的经过认证的硬件驱动程序和软件应用程序，使添加新设备和新应用程序非常容易。此外，Microsoft Solutions Offerings（MSO）的说明性指南可以帮助组织开发有效的解决方案，以便解决业务难题。

这种产品和服务体系能够降低总体拥有成本，从而帮助组织获得更高的生产效率。

Windows Server 2003 有多种版本，每种都适合不同的商业需求：

（1）Windows Server 2003 Web 版

Web 版用于构建和存放 Web 应用程序、网页和 XML Web Services。它主要使用 IIS 6.0 Web 服务器并提供快速开发和部署使用 ASP。NET 技术的 XML Web services 和应用程序。支持双处理器，最低支持 256MB 的内存，最高支持 2GB 的内存。

（2）Windows Server 2003 标准版

标准版销售目标是中小型企业，支持文件和打印机共享，提供安全的因特网连接，允许集中的应用程序部署。支持 4 个处理器，最低支持 256MB 的内存，最高支持 4GB 的内存。

（3）Windows Server 2003 企业版

企业版支持高性能服务器，并且可以支持群集服务器，以便处理更大的负荷，通过这些功能实现了可靠性，有助于确保系统即使在出现问题时仍可用。在一个系统或分区中最多支持八个处理器，八节点群集，最高支持 32GB 的内存。

（4）Windows Server 2003 数据中心版

数据中心版针对要求最高级别的可伸缩性、可用性和可靠性的大型企业或国家机构等而设计的。它是最强大的服务器操作系统，分为 32 位版与 64 位版，32 位版支持 32 个处理器，支持 8 点集群，最低要 128MB 内存，最高支持 512GB 的内存；64 位版支持 Itanium 和 Itanium2 两种处理器，支持 64 个处理器，支持 8 点集群，最低支持 1GB 的内存，最高支持 512GB 的内存。

5.2.2 Windows Server 2003 的安装

1. Windows Server 2003 安装要求

安装 Windows Server 2003 之前，用户需要了解 Windows Server 2003 的系统需求，以便整理出足够的硬盘空间，并确定已有硬件的兼容性。表 5-1 列出了 Windows Server 2003 的硬件配置需求信息。

为了确保安装成功，在启动安装程序之前需要确保计算机硬件与 Windows Server 2003 完全兼容。Windows Server 2003 系列产品的硬件兼容性强，采用"即插即用"技术。常用的硬件设备大都包含在硬件兼容列表 HCL 中，该列表存放在 Windows Server 2003 安装光盘的 Support 文件夹的 HCL.txt 文件中。HCL 的最新版本可以从

http://www.microsoft. com/hwtest/hcl/下载。如果当前计算机的硬件不在 HCL 列表的范围之内，那么就应该事先准备好相应的硬件驱动程序，否则安装有可能失败。

表 5-1　Windows Server 2003 硬件配置需求信息

硬件需求	WEB 版	标准版	企业版（32 位/64 位）	数据中心版（32 位/64 位）
CPU 最低速度	133MHz	133MHz	133MHz/733MHz	133MHz/733MHz
CPU 建议速度	550MHz	550MHz	733MHz	733MHz
内存最小容量	128MB	128MB	128MB	512MB
内存建议容量	256MB	256MB	256MB	1GB
内存最大容量	2GB	4GB	32GB/64GB	64GB/128GB
支持 CPU 个数	1～2	1～4	1～8	8～32/64
所需硬盘空间	1.5GB	1.5GB	1.5GB/2.0GB	1.5GB/2.0GB
群集节点数	不支持	不支持	最多 8 个	最多 8 个
域控制器支持	不支持	支持	支持	支持

2. 安装规划

在安装前应进行安装规划，确定是升级安装还是全新安装，选择使用的文件系统以及安装的内容的组件，以满足不同的需要。

（1）确定安装方式

1）升级安装：把 Windows Server 2003 安装到当前操作系统的文件夹中，并保留原系统的用户、组的权限以及文件和应用程序。可以在安装 Windows NT Server 或 Windows 2000 Server 的磁盘分区上安装 Windows Server 2003。

2）全新安装：在磁盘或分区上安装一个新的 Windows Server 2003 操作系统。在执行全新安装时，可以对磁盘重新进行分区和格式化。

（2）确定文件系统

Windows Server 2003 可以在安装系统的磁盘分区上选择 3 种类型的文件系统，NTFS、FAT 和 FAT32。

1）FAT 文件系统：最初用于小型磁盘和简单文件结构的简单文件系统。FAT 文件可以通过 MS-DOS、所有版本的 Windows 和 OS/2 访问。

2）FAT32 文件系统：提供了比 FAT 文件系统更好的文件管理特性，支持超过 32GB 的卷，通过使用更小的簇，能有效地使用磁盘空间，可以在容量从 512MB～2TB 的驱动器上使用。

3）NTFS 格式：是 Windows Server 2003 推荐使用的文件系统。只有选择 NTFS 作为文件系统，才能使用活动目录和基于域的安全特性等重要特性。NTFS 文件系统支持文件级别和文件夹级别的安全性、文件压缩、磁盘限额、文件加密等功能。

3. Windows Server 2003 的安装

Windows Server 2003 的安装过程分三部分来完成，分别是启动安装程序、通过安装向导安装、登录和注销 Windows Server 2003。

（1）启动安装程序

1）在运行 Windows 的计算机上从光盘启动安装程序。将光盘直接插入驱动器，系统将自动显示安装对话框（也可以直接进入光盘的 I386 文件夹，双击 Winnt.exe 图标）。

2）在运行 MS-DOS 的计算机上启动全新安装的安装程序。将光盘插入驱动器，在命令提示符下，键入"F:"（假设 F 是光驱的驱动器号）后按回车键。通过"cd i386"DOS 命令进入 i386 目录，然后键入"winnt"后按回车键，如图 5-3 所示。

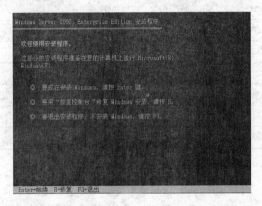

图 5-3　安装 Windows Server 2003 对话框

（2）通过安装向导安装

通过安装向导安装可以分为三个阶段。

第一阶段：主要用来确定安装方式，检查硬件兼容性并复制安装文件。安装程序会自动搜索计算机系统的硬件，安装程序支持系统的硬件并复制安装文件。扫描硬件结束后，开始安装系统，这时会出现安装窗口。如果在安装窗口中选择按 Enter 键，就开始安装 Windows Server 2003 了。如果选择按 R 键，可以在系统出现故障时修复系统。然后出现 Windows Server 2003 用户许可协议窗口，按"F8"键同意许可协议，正确输入 CD-KEY 后才能继续安装。可以在硬盘分区列表中选择一个现有的分区或在空闲中创建一个新分区来安装 Windows Server 2003，并选择文件系统类型，然后安装程序开始向目标分区复制文件。复制文件结束，将出现重新启动计算机的提示，进入图形方式的安装程序。

第二阶段：该阶段安装向导要求用户输入自己的姓名、公司名、产品编号等个人信息。选择客户许可证方式，用户可在"按服务器"和"按客户"之间做出选择。然后设置计算机名称，名称的长度不能超过 64 个字符，建议不超过 15 个字符。常用的标准字符有从 0～9 的数字、从 A～Z 的大写字母或小写字母和连字符（-）。如果此计算机是某个域成员，则计算机名必须不同于域中的其他计算机名。如果此计算机是某个工作组成员，则同一工作组内的计算机名必须不同。然后安装向导将提示用户是否生成应急修复盘后，开始网络设置。安装过程中，安装程序将在计算机上创建一个名为 Administrator 的用户账户，它具有管理计算机配置的所有管理权限。用户可以设置管理员账户密码（最多不超过 127 个英文字符）。安装完成后，可以更改 Administrator 账户名，但不能删除该用户。

第三阶段：该阶段主要用来配置服务器。当安装程序完成上述基本的安装之后，计算机会重新启动。如果作为计算机的管理员登录，屏幕上将出现配置服务器向导。

（3）登录和注销 Windows Server 2003

当系统启动完毕，出现对话框后，按下 Ctrl+Alt+Del 组合键，会提示输入用户名和密码，正确输入后就可以进入系统了，如图 5-4 所示。

图 5-4 登录和注销 Windows Server 2003

5.2.3 Windows Server 2003 的网络组件

1. 网络组件

一个 Windows Server 2003 网络必须包括网卡、协议、服务和客户程序四个网络组件才能进行通信与资源共享。网络组件可以在安装时添加，也可以在安装以后通过"控制面板"→"添加/删除程序"进行添加。

（1）客户组件

客户组件提供对计算机和连接到网络上的文件的访问。Windows Server 2003 中提供了两种类型的客户组件。

1）Microsoft Networks 客户端：此客户组件允许用户的计算机访问 Microsoft 网络上的资源。

2）NetWare 网络和客户端服务：允许其他 Windows Server 2003 计算机无需运行 NetWare 客户端软件就可以访问 NetWare 服务器。

（2）网络服务

通过网络服务，运行同种网络协议的计算机可以连接到共享的文件夹和其他资源。Windows Server 2003 中提供的服务组件如下。

1）Microsoft 网络的文件和打印机服务：允许其他计算机用 Microsoft 网络访问本地计算机上的资源。

2）QoS 数据包计划程序：即质量服务数据包计划程序。该组件提供网络交通控制，包括流量率和优先级服务。

3）SAP 代理程序：允许运行 Windows Server 2003 的服务器上的服务使用定时的 SAP 广告的方式来公布自己。

（3）协议

协议是一组规则和约定，用于在网络上发送信息。这些规则管理在网络设备之间进行数据交换的内容、格式、时间、顺序和错误控制。通过协议可以实现在不同计算机之间信息共享。在 Windows Server 2003 中提供支持的常用协议如下。

1）TCP/IP 协议：是因特网上使用的一组网络协议，它能为用户提供跨越多种互联网络的通信。TCP/IP 协议是 Windows Server 2003 默认安装的协议。

2）NetBEUI（NETBIOS Enhanced User Interface）协议：NetBIOS 增强用户接口，通常用于小的、由 1～200 个客户的部门大小的局域网。

3）AppleTalk 协议：是 Apple 计算机网络体系结构和网络协议。

4）NWLink 协议（NWLink IPX/SPX/NetBIOS 兼容传输协议）：是 Novell 的 IPX/SPX 和 NetBIOS 协议的实现。Windows Server 2003 客户可以使用 NWLink 访问在 Novell NetWare 服务器上运行的客户和服务器应用程序。NetWare 客户可以使用 NWLink 访问在 Windows Server 2003 服务器上运行的客户和服务器应用程序。

（4）网络适配器

网络适配器是硬件组件，提供物理接口和硬件，计算机通过网络适配器连接到网络电缆或其他网络介质。

2. 网卡的安装与设置

网卡是局域网中提供各种网络设备与网络通信介质相连的接口，其功能是准备、发送和控制网络上的传输数据。在 Windows Server 2003 的安装过程中，安装向导会自动进行硬件检测，如果检测到用户的计算机上有安装好的网卡，则安装向导会自动添加该网卡的驱动程序。用户也可以在安装系统之后安装新的网卡，网卡的安装包括硬件安装和驱动程序安装。

（1）硬件安装

安装网卡时，应首先关闭计算机电源，然后打开机箱盖，将其插入到主板上的扩展槽中。

（2）安装驱动程序

如果在计算机上成功安装了新的网卡硬件，下一次启动 Windows Server 2003 时，即插即用功能可以自动检测到网卡，并在"网络和拨号连接"窗口中出现"本地连接"图标。

对于不能被检测的网卡，用户可以选择"控制面板"中的"添加/删除硬件"命令，进入"添加/删除硬件"对话框，按照提示进行安装，如图 5-5 所示。

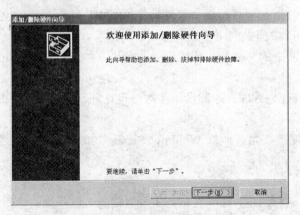

图 5-5 "添加/删除硬件"对话框

如果计算机中有多个网卡，则每个网卡的"本地连接"图标都将显示在"网络和拨号连接"窗口中。随着本地连接状态的不同，图标的外观也会发生变化，如表 5-2 所示。

表 5-2　本地连接图标的不同连接状态

连接图标	说　明
本地区域连接	连接处于活动状态
本地连接	连接已被断开
本地区域连接	驱动程序被禁用

3. 安装通信协议

在使用网络时，用户必须安装能使网络适配器和网络正确通信的协议，协议的类型取决于所在网络的类型。其中，TCP/IP 协议是 Windows Server 2003 的默认协议，在安装 Windows Server 2003 时能自动被安装。如果要安装其他协议，可执行如下操作。

1）右击"网上邻居"图标，选择"属性"命令，打开"网络和拨号连接"窗口。

2）右击"本地连接"图标，选择"属性"命令，打开"本地连接 属性"对话框，如图 5-6 所示。

3）在"此连接使用下列选定的组件"列表框中列出了目前系统中已安装过的网络组件，单击"安装"按钮，打开"选择网络组件类型"对话框，如图 5-7 所示。

4）选择"协议"选项，单击"添加"按钮，打开"选择网络协议"对话框。

5）该对话框的"网络协议"列表框中列出了 Windows Server 2003 提供的网络协议尚未在系统中安装的部分，如图 5-8 所示。双击欲安装的协议，例如 NetBEUI 协议，或选中它后再单击"确定"按钮，选中的协议将会被添加至图 5-6 所示的"本地连接 属性"对话框中。

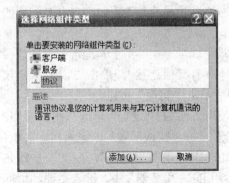

图 5-6　"本地连接 属性"对话框

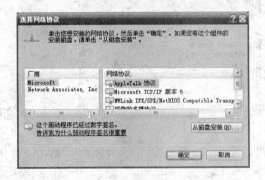

图 5-7　"选择网络组件类型"对话框　　　　图 5-8　"选择网络协议"对话框

4. 安装网络服务和客户

（1）网络服务

安装 Windows Server 2003 时已默认安装了"Microsoft 网络的文件和打印机服务"，

而其他类型的网络服务则需用户根据具体情况自行安装。

添加网络服务与添加网络协议的方法基本相同，在"选择网络组件类型"对话框中选择"服务"选项，然后单击"添加"按钮，打开"选择网络服务"对话框进行添加。

（2）客户

在 Windows Server 2003 的安装过程中，如果用户在配置网络组件时，选择的是典型配置，那么安装向导会自动在网络组件中安装"Microsoft 网络客户端"组件。用户可根据需要来自行安装其他类型的网络客户。

5. 配置 TCP/IP 协议

（1）基本概念

为使 Windows Server 2003 的 TCP/IP 正常运行，需要配置以下内容。

1）IP 地址。如果计算机上只安装一块网卡，则应配置一个 IP 地址。如果安装了多块网卡，则应对每块网卡配置一个 IP 地址。Windows Server 2003 允许对同一块网卡配置多个 IP 地址。计算机获得 IP 地址有如下方法。

- 如果用户所在网络中有 DHCP 服务器的话，可以向服务器请求一个动态的临时 IP 地址，该 DHCP 服务器将自动为用户分配一个 IP 地址。
- 用户从网络管理员处要求一个静态的 IP 地址，然后进行手动设置。

2）子网掩码。32 位的 IP 地址分为网络 ID 和主机 ID，用子网掩码来区分。由于同一网段上所有 IP 地址的网络 ID 相同，因此同一网段上的所有 IP 都必须使用相同的子网掩码。在 Windows Server 2003 中，系统会根据设置的 IP 地址自动配置子网掩码。

3）默认网关。要与其他网段上的 TCP/IP 结点连通，必须设置默认网关的 IP 地址。默认网关可以理解为最近的路由器的 IP 地址。同一个网段组成的网络不需要设置默认网关。

（2）手动配置 TCP/IP

手动配置 TCP/IP 协议的属性，可以设置 IP 地址、子网掩码、默认网关、DNS 服务器和 WINS 服务器的值，方法如下。

图 5-9 "Internet 协议（TCP/IP）属性"对话框

1）打开"网络和拨号连接"窗口，右击要配置的网络连接，选择"属性"。

2）在"常规"选项卡上（用于本地连接）或"网络"选项卡上（所有其他连接），单击"因特网协议（TCP/IP）"，然后单击"属性"按钮。

3）选中"使用下面的 IP 地址"单选按钮，在"IP 地址"、"子网掩码"和"默认网关"中键入相应的值；单击"使用下面的 DNS 服务器地址"，在"首选 DNS 服务器"和"备用 DNS 服务器"中，键入主要和辅助 DNS 服务器地址，如图 5-9 所示。

4）如果要进行高级设置，请单击"高级"按钮，打开"高级 TCP/IP 设置"对话框进行设置。

（3）自动配置 TCP/IP

使用新的自动专用 IP 寻址（APIPA，Automatic Private IP Addressing）功能，系统

可以提供 169.254.0.1～169.254.255.254 IP 地址，子网掩码是 255.255.0.0 的保留范围内的 IP 地址的默认自动配置。

（4）动态配置 TCP/IP

如果使用 DHCP 服务器自动配置 IP 地址，启动计算机时将自动并动态执行 TCP/IP 配置。通过正确配置 DHCP 服务器，客户机可以获得 IP 地址、子网掩码、默认网关、DNS 服务器、NetBIOS 结点类型以及 WINS 服务器的配置信息。对于中型到大型 TCP/IP 网络，推荐使用动态配置 TCP/IP 的方法。

5.2.4　Windows Server 2003 客户机的配置

从工作站登录到服务器上，要使客户机共享服务器的资源，必须先进行相应的设置。安装 Windows XP 和 Windows 2000 的计算机都可以作为 Windows Server 2003 的客户机。

1. 配置 Windows 2000 客户机

（1）安装、配置 TCP/IP 协议

与 Windows Server 2003 配置 TCP/IP 协议的操作方法相同。

（2）设置"计算机标识"

网络中的每台计算机都有自己唯一的名字，在 Windows 2000 中设定计算机的名称的方法如下。

1）在"控制面板"窗口中单击"系统"，或右击"我的电脑"，选择"网络标识"选项卡，单击"属性"按钮，打开图 5-10 所示的对话框。

2）在"工作组"或"域"文本框内输入相应的名称，然后单击"确定"按钮。

2. 确认、测试 TCP/IP 配置

（1）ipconfig

ipconfig 命令可以显示当前 TCP/IP 配置，包括本机的 IP 地址、子网掩码，默认的网关等。在"命令提示符"窗口键入"ipconfig"命令，出现图 5-11 所示的窗口。

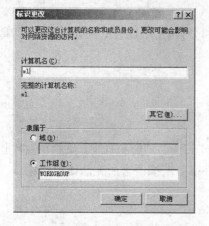

图 5-10　"标识更改"对话框

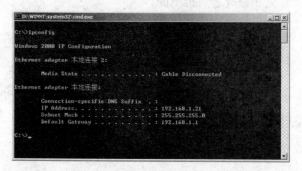

图 5-11　执行"ipconfig"命令窗口

（2）ping

ping 命令是诊断工具，可以测试两个计算机之间是否连通。

ping 127.0.0.1（回绕地址），用以确认 TCP/IP 协议是否安装成功。

ping 本地计算机，可测试该 IP 地址是否已正确加入到网络中，检测网上是否有重复的 IP 地址。

ping 默认网关，以确认计算机与局域网进行通信。

ping 远程计算机，用以测试因特网访问是否正常，如图 5-12 所示。

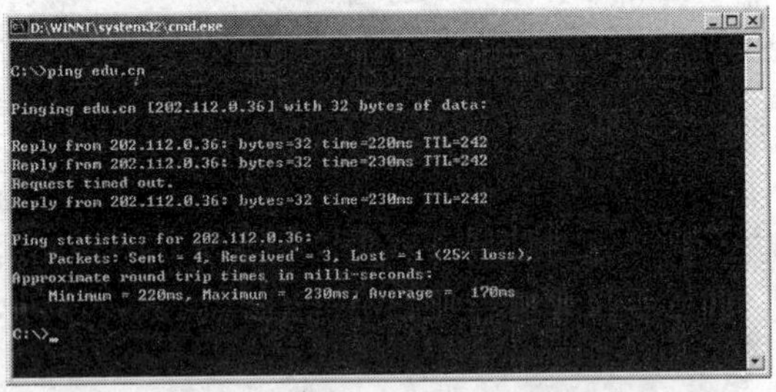

图 5-12　执行"ping"命令窗口

5.3　UNIX 网络操作系统

5.3.1　UNIX 操作系统概述

UNIX 最早是指由美国贝尔实验室发明的一种多用户、多任务的通用操作系统。经过长期的发展和完善，目前已成为一种主流的操作系统技术和基于这种技术的产品大家族。其中，最为著名有 SCO XENIX、SNOS、Berkeley BSD 和 AT&T 系统 V。由于 UNIX 具有技术成熟、可靠性高、网络和数据库功能强、伸缩性突出和开放性好等特点，可满足各行各业的实际需要，特别能满足企业重要业务的需要，已经成为主要的工作站平台和重要的企业操作平台。早期 UNIX 的主要特点是结构简炼、便于移植和功能相对强大。

目前，有两种占主导地位的 UNIX 操作系统版本，UNIX System V 版本和 BSD（Berkeley Software Distribution）版本。UNIX System V 版本继承了 AT&T 和 UNIX 系统实验室开发的版本，BSD 版本是由加州大学伯克利分校在对 UNIX 操作系统做了重大补充和修改之后推出的。

5.3.2　UNIX 操作系统的特点

1．可移植性好

UNIX 系统和核外实用程序采用 C 语言编写，便于阅读、理解和修改。虽然在效率上 C 语言编写的程序比汇编语言的程序低，但 C 程序有很多汇编语言所无法比拟的优点。

2．用户界面良好

UNIX 为用户提供了两种界面——用户界面和系统调用。UNIX 的传统用户界面是基于文本的命令行格式,它既可以联机使用,也可脱机使用。系统调用是用户在编写程序时可以使用的界面,系统通过这个界面可为用户提供低级、高效率的服务。

3. 极强的网络功能

网络功能强大是 UNIX 系统的又一重要特色,作为因特网技术基础和异种机连接重要协议的 TCP/IP 协议就是在 UNIX 上开发和发展起来的。TCP/IP 协议是所有 UNIX 系统不可分割的组成部分。因此,UNIX 服务器在因特网服务器中占 70%以上,占绝对优势。此外,UNIX 还支持所有常用的网络通信协议,包括 NFS、DCE、IPX/SPX、SLIP 和 PPP 等,使得 UNIX 系统能方便地与已有的主机系统以及各种广域网和局域网相连接,这也是 UNIX 具有出色的互操作性的根本原因。

4. 功能强大的开发平台

UNIX 系统从一开始就为软件开发人员提供了丰富的开发工具,成为工程工作站首选的主要操作系统和开发环境。可以说,工程工作站的出现和成长与 UNIX 是分不开的。迄今为止,UNIX 工作站仍是软件开发商和工程研究设计部门的主要工作平台。有重大意义的软件新技术几乎都出现在 UNIX 上,如 TCP/IP、WWW 等。

5. 树形分级结构的文件系统

UNIX 具有树形结构的文件系统,这种结构既有利于动态扩展文件存储空间,又有利于安全性和保密性。

6. 系统安全

UNIX 采取了众多的安全技术和措施以满足 C2 级安全标准的要求,包括对读/写权限的控制、带保护的子系统、审计跟踪、核心授权等,从而为网络用户提供了强大的安全保障。

5.4 Linux 网络操作系统

5.4.1 Linux 操作系统概述

目前,我国普通用户计算机上的操作系统基本上都是 Microsoft 公司的产品。最早的操作系统是 DOS,接下来是 Windows 3.x、Windows 95、Windows 98、Windows NT 和 Windows 2000,直到现在的 Windows Server 2003 和 Windows XP。从全球范围看,计算机操作系统的另一个竞争者就是 UNIX,UNIX 操作系统主要控制着工作站和高端的网络服务器系统软件市场。1991 年出现了可以运行在 Intel 80x86 系列个人计算机上的操作系统 Linux。Linux 不仅具备全部 UNIX 系统特征,而且能够与 POSIX 标准兼容,它综合了 UNIX 派生系统主要的先进技术。而且由于其源代码的开放性,使得 Linux 迅速地发展起来,在几年的时间里 Linux 就在操作系统领域奠定了坚实的基础。在服务器和桌面操作系统领域,Linux 和 Windows Server 2003 已经成为激烈的竞争对手。

Linux 源于 UNIX，因此，Linux 的内核结构基本上和 UNIX 是一样的，同时它继承了 UNIX 的特点和设计思想。Linux 内核也由内存管理、进程管理、设备驱动程序、文件系统和网络管理等几部分构成。

目前，全球 Linux 用户约有 800 万人，并正在不断增加，许多知名企业和大学都是 Linux 的用户。IBM、HP、Dell、Oracle、AMD 等计算机公司正大力支持 Linux 的发展，不断推出基于 Linux 平台的相关产品。

Linux 的应用范围主要包括台式计算机、服务器、嵌入式系统和集群计算机等方面。

5.4.2　Linux 操作系统的特点

Linux 是一种类 UNIX 的操作系统，由以 Linus Torvalds 为首的一批因特网志愿者创建开发。Linux 操作系统与其他商业性操作系统的最大区别在于它的源代码公开。

Linux 是自由软件，所谓"自由"是指在软件发行时附上了源程序代码，并允许用户更改。

1. 真正的多用户任务

Linux 是真正的多用户操作系统，Linux 支持多个用户从相同或不同的终端上同时使用同台计算机，而没有商业软件所谓许可证的限制，在同一时段中，Linux 系统能响应多个用户的不同请求。Linux 能响应多个用户的不同请求。Linux 系统中的每个用户对自己的资源（如文件、设备）有特定的使用权限，不会相互影响。

2. 良好兼容性

Linux 完全符合 IEEE 的 POSIX（Portable Operating System for UNIX，面向 UNIX 的可移植操作系统）标准，可兼容现在主流的 UNIX 系统。在 UNIX 系统下可以执行的程序也几乎完全可以在 Linux 上运行。这就为应用系统从 UNIX 系统向 Linux 系统的转移提供了可能。

3. 强大的可移植性

Linux 是一种可移植性很强的操作系统，无论是掌上电脑、个人计算机、小型机，还是中型机，甚至大型计算机都可以运行 Linux。迄今为止，Linux 是支持最多硬件平台的操作系统。

4. 高度的稳定性

Linux 继承了 UNIX 的优良特性，可以连续运行数月、数年而无需重新启动。在过去十几年的广泛使用中，只有屈指可数的几个病毒使 Linux 受到感染。这种强免疫性归功于 Linux 系统健壮的基础架构。Linux 的基础架构由相互无关的层组成，每层都有特定的功能和严格的权限许可，从而保证最大限度地稳定运行。

5. 漂亮的用户界面

Linux 提供两种用户界面：字符界面和图形化用户界面。字符界面是传统的 UNIX

界面，用户需要输入要执行的相关命令才能完成相关操作。字符界面下的操作方式的确不太方便，但是效率很高，目前仍被广泛使用。

窗口式的图形化用户界面并非是微软的专利，Linux 也拥有方便好用的图形化用户界面。Linux 的图形化界面整合了大量的应用程序和系统管理工具，并可使用鼠标，用户在图形化用户界面下能方便地使用各种资源，完成各项工作。

小　结

Windows Server 2003 是为服务器开发的多用途操作系统，提供了强有力的 C/S 应用程序的结构。主要服务有目录服务、文件服务、因特网信息服务、网络通信服务和安全服务。

UNIX 是一种多用户、多任务、分时的操作系统，具有技术成熟、可靠性高、网络和数据库功能强、伸缩性突出和开放性好等特点，是主要的工作站平台和重要的企业操作平台。

Linux 是一种类似 UNIX 的分时操作系统，凭借其优良特性已成为目前发展潜力最大的操作系统。Linux 的应用范围主要包括个人计算机、服务器、嵌入式系统、集群计算机等方面。

思考与练习

一、填空题

1. 常用的网络操作系统有_____、_____、_____和_____。
2. 网络操作系统的基本服务主要有：文件服务、_____、数据库服务、_____、分布式服务、_____和 Internet/Intranet 等。
3. 安装 Windows Server 2003 服务器的 RAM 最小要求 128MB，最大_____。

二、选择题

1. 下面的 Microsoft 产品中，可作为网络操作系统的是_____。
   A. MS-DOS
   B. Windows 98
   C. Windows Me
   D. Windows Server 2003
2. 有关 ping 命令的下列说法中，_____不正确。
   A. ping127.0.0.1，可测试因特网访问是否正常
   B. ping<本机的 IP 地址>，可测试该 IP 地址是否已正确加入到网络中
   C. ping 127.0.0.1，可测试 TCP/IP 协议是否安装成功
   D. ping<默认网关>，可测试本机是否能跨网段访问。
3. 使用 ipconfig 命令可以显示当前 TCP/IP 配置，但是不包括_____。
   A. 本机 IP 地址　　B. 子网掩码　　C. 服务器的 IP 地址　　　D. 默认网关
4. 以下关于网络操作系统基本任务的描述中，错误的是_____。

A. 屏蔽本地资源与网络资源的差异性　　B. 为用户提供各种基本网络服务功能

C. 提供各种防攻击安全服务　　　　　　D. 完成网络共享系统资源的管理

三、简答题

1. 什么是网络操作系统？试述网络操作系统的功能。

2. 什么是对等网络？什么是基于服务器的网络？试述各自的特点。

3. 试述常用的 Windows Server 2003 网络组件。

◆ 实　训

项目　Windows Server 2003 的安装、删除与客户机的配置

【实训目的】

1. 学会 Windows Server 2003 的安装、删除

知识点：确定安装方式为升级安装还是全新安装，文件系统应设为 NTFS 格式。

2. 掌握 Windows Server 2003 客户机的配置

（略。）

【实训环境】

1）一台准备作为服务器的计算机。

2）若干台准备作为客户机的计算机。

3）用以上计算机连接成 100Base-T 以太网。

4）Windows Server 2003 光盘。

【实训内容与步骤】

1. 安装 Windows Server 2003

（1）启动安装程序

1）在运行 Windows 的计算机上从光盘启动安装程序。直接放入安装盘将自动显示安装对话框。也可以直接进入光盘的 I386 文件夹，双击 Winnt.exe 启动安装程序。

2）从网络启动安装程序。插入光盘并共享该光驱，共享安装文件，或将安装文件光盘的 I386 文件复制到共享文件夹。

3）在运行 MS-DOS 的计算机上启动全新安装的安装程序。将光盘插入驱动器。在命令提示符下，键入光驱的驱动器号后按回车键。键入"cd i386"后按回车键，键入"winnt"后按回车键。

（2）通过安装向导安装

1）选择安装方式，检查硬件兼容性并复制安装文件。

2）检查磁盘分区、安装硬件设备，进行网络和组件的设置。

3）配置服务器。

2. 登录 Windows Server 2003

系统启动后，按 Ctrl＋Alt＋Del 组合键，会出现提示输入用户名和密码的对话框，正确输入后就可以进入系统了。

3. 配置 Windows Server 2003 客户机

（1）安装、配置 TCP/IP 协议

与 Windows Server 2003 配置 TCP/IP 协议的操作方法相同。

（2）设置"计算机标识"

网络中的每台计算机都有自己唯一的名字，在 Windows 2000 中设定计算机的名称的方法如下。

1）在"控制面板"窗口中单击"系统"，或右击"我的电脑"，选择"网络标识"选项卡，单击"属性"按钮，打开对话框。

2）在"工作组"或"域"文本框内输入相应的名称，然后单击"确定"按钮。

第 **6** 章

广域网技术

6.1 广域网的基本概念

6.1.1 什么是广域网

局域网络有很多优点，但它们受物理和距离上的限制，不足以应付所有的企业通信。因此，必须有一种用于连接局域网和其他类型网络的方法。使用像网桥、路由器等通信器件，局域网能够从本地服务扩展到支持跨地区、跨国家甚至跨整个世界的数据通信。当网络能够做到这点时，我们称之为广域网，如图 6-1 所示。广域网有如下特点。

1）广域网覆盖的地理范围至少在几百千米以上，而局域网覆盖的范围一般在几千米内。

2）广域网主要用于互连广泛地理范围内的局域网，而局域网主要是为了实现小范围的资源共享而设计的。

3）广域网采用载波形式的频带传输或光传输实现远距离通信，而局域网通常采用基带传输方式。

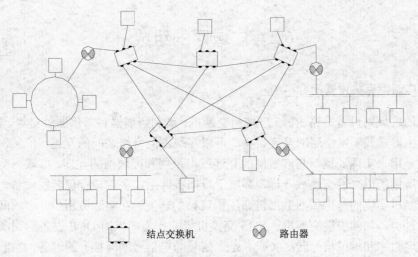

结点交换机   路由器

图 6-1 由广域网和局域网组成的因特网

4）广域网通常是被称为网络提供商的公共通信部门来建设和管理，他们利用各自的广域网资源向用户提供收费的广域网数据传输服务。

5）在网络拓扑结构上，广域网主要采用网状拓扑结构，其原因在于广域网由于其地理覆盖范围广，网络中两个节点在进行通信时，数据一般要经过较长的通信线路和较多的中间节点。这样，中间节点设备的处理速度、线路的质量以及传输环境的噪声都会影响广域网的可靠性，采用基于网状拓扑的网络结构可以大大提高广域网链路的容错性。

6.1.2 广域网的作用

广域网的运行环境与局域网完全不同。局域网中，用户自己掌握所有的设备和网络的带宽，可以任意使用、维护和升级。但在广域网中，用户无法拥有建立广域网连接所需要的所有技术设备和通信设施，只能由第三方通信服务商（电信部门）提供。这样一来，整个网络的设计、安装、使用和维护都要依赖于电信部门提供的服务。特别是广域网的带宽要比局域网昂贵得多，除了安装、调试的费用外，用户还要根据租用的带宽支付月租费。在局域网中，100Mb/s 的速率是很平常的，但在广域网中，10Mb/s 的速率就已经是相当可观了。由于广域网中带宽的使用费用较高，所以在建设广域网时，应根据应用的具体需求和特点以及所能承担的费用来选择合适的广域网技术。

下面是广域网的一些具体的应用实例。

1）连接距离相隔很远的两个局域网。

2）因特网接入，这是广域网的最典型的应用。

3）远地的办事处访问公司总部的局域网。

4）民航的售票终端与主机的连接。

5）银行的自动取款机与主机的连接。

6.2 广域网的组成

6.2.1 广域网有关设备简介

常见的广域网设备有路由器、广域网交换机、调制解调器和通信服务器等，如图 6-2 所示。路由器是属于网络层的互连设备，可以实现不同网络之间的互连。广域网中，路由器主要是用来实现局域网与广域网的互连或广域网和广域网的互连。广域网交换机与局域网中所用的以太网交换机一样，都属于数据链路层的多端口存储转发设备，只不过广域网交换机实现的是广域网数据链路层协议帧的转发。在实际应用中，广域网交换机有不同的种类，如帧中继交换机、X.25 交换机等。作为广域网 DCE 设备的调制解调器是一种实现数字和模拟信号转换（或者是光信号与电信号的转换）的设备，当数据通过电话网络进行传输时，发送方与接收方就需要安装相应的调制解调器。通信服务器主要用来对广域网用户进行身份合法性的验证并提供服务策略。

光纤调制解调器

广域网交换机

图 6-2　广域网有关设备

6.2.2 广域网连接技术

组建广域网和组建局域网不同，组建局域网一般由企业或学校完成网络的建设，网络的传输速率可以很高，如以太网。但组建广域网由于受各种条件的限制，必须借助公共传输网络。公共传输网络的内部结构和工作机制是不需要用户关心的，用户只需了解公共传输网络提供的接口以及如何实现和公共传输网络之间的连接，并通过公共传输网络实现远程端点之间的报文交换。因此，设计广域网的前提在于掌握各种公共传输网络的特性和公共传输网络和用户网络之间的互连技术。目前，提供公共传输网络服务的单位主要是电信部门，随着电信营运市场的开放，用户可能有较多的选择余地来选择公共传输网络的服务提供者。

公共传输网络基本可以分成三类。

1）电路交换网络（拨号）。主要是公共交换电话网（PSTN）和综合业务数字网（ISDN）。

2）分组交换网络。主要是 X.25 分组交换网、帧中继（Frame Relay，FR）和 ATM。

3）专线。主要是 DDN 网。

现将这些常见的公共传输系统简单介绍如下。

1. 公共电话交换网

公共电话交换网（PSTN）是分布最广、使用最普遍的通信资源。目前，我国大部分地区的长途中继线已经实现了光纤化、数字化，线路质量已完全能够满足计算机通信的需要。因此，利用电话线路实现远程通信是组建广域网的一种重要选择。PSTN 的用户线（传送模拟信号的铜缆）虽然传输速率较低（理论上可达 56.6kb/s，实际上一般只有 42kb/s，甚至更低），但由于其分布范围广、代价小，是一些低速网络及分散的远程站点和移动用户常采用的通信线路。利用 PSTN 组建广域网主要有租用专线和拨号两种方式。租用专线代价较高，但传输效率高，是企业常采用的方式，而拨号方式灵活方便，是个人用户入网的首选。

2. 综合业务数字网

综合业务数字网（Integrated Services Digital Network，ISDN）是基于现有的电话网络来实现数字传输服务的标准。全程采用数字传输。与 PSTN 一样，ISDN 的用户线可使用电话载波线路进行拨号连接，但它和 PSTN 不同，它的数字链路可以同时传输数据和语音。由于具备同时传输话音和数据的能力，ISDN 用一根线路解决了在同一个地方要用不同的线路分别支持传真、调制解调器和话音呼叫的问题。

3. 非对称数字用户线路系统

数字用户线路（Digital Subscriber Line，DSL）是一种不断发展的宽带接入技术，该技术是采用更先进的数字调制解调技术在常规的用户铜质双绞线上传送宽带信号。目前已经比较成熟并且投入使用的数字用户线技术有 ADSL、HDSL、SDSL 和 VDSL 等。所有这些 DSL 通常统称为 XDSL。这些接入技术都是通过一对调制解调器来实现，其中一个调制解调器放置在电信局，另一个调制解调器放置在用户端。因为大多数 DSL 技术并不占用双绞线的全部带宽，因此还为话音通道留有空间。例如，利用 ADSL 调制解调器连接到因特网的同时，用户仍可以在同一对铜质双绞线上通电话。ADSL 是目前使用非常广泛的家庭上网方式。

4. X.25 网

X.25 网又称为分组交换网，是远程联网最常用的另一种通信子网。X.25 网定义的是在公共数据网上以分组方式工作的数据终端设备和数据电路交换设备之间的接口。X.25 定义了 3 层通信协议：物理层、数据链路层和分组层，X.25 是应用极广的广域网分组交换模式，大多数公用数据网都采用这个标准。分组交换属于存储转发模式，X.25 分组交换技术把数据按照固定长度分成许多小的"数据包"（分组），为使每个包能经由网络传输到对方，每个包前面都要附加一些控制信息，依靠这些控制信息，各个包就可以经由公用网络传输到接收方，再组合成原有形式的数据。X.25 网在数据链路层和分组层都提供完备的差错控制和流量控制，因此可靠性很高。我国的公用数据网 CHINAPAC 就是一个 X.25 网。

5. 帧中继

帧中继也是一种分组交换协议，与 X.25 有许多相似之处。帧中继与 X.25 一样，也可以使同一通信线路有效地为许多用户服务。与 X.25 不同的是，X.25 实现 OSI 参考模型的下三层，而帧中继只实现下两层，并且去掉了每一层的纠错功能，以此来提高数据传输的效率和扩大网络吞吐量，纠错任务留给高层也就是终端用户去解决。另外，帧中继的每一个结点对分组进行存储转发时不像 X.25 网那样，接收到一个完整的分组，然后再伺机待发，帧中继认为，帧的传送基本上不会出错，因此只要读出帧的目的地址就立即开始转发该帧，这样就使帧中继的吞吐量比 X.25 网络提高一个数量级以上。但帧中继要求网络的误码率非常低，否则帧中继的传输效率就不会提高。帧中继在我国的使用正变得越来越广泛，端口提供的速率可达 64kb/s、128kb/s、256kb/s、直至 1Mb/s、2Mb/s。

6. ATM

ATM 作为一种高速的基于信元交换的网络，是未来信息高速公路的主要通信与传输手段。ATM 是一种基于对 53 个字节的信元进行数据交换的技术，数据传输速率可达 25Mb/s、34Mb/s、45Mb/s、155Mb/s、622Mb/s 等，更进一步可达 1Gb/s，对于大量用户及多媒体应用极为合适，它代表着未来网络的发展趋势。ATM 最大的缺点是它的标准还不很完善，技术不很成熟，而且造价也比较高。

7. DDN

DDN（Digital Data Network）也称数字数据网。它采用时分多路复用信道作为基本传输信道，利用光纤作为传输介质，在 DDN 上向用户提供专线电路、帧中继、话音、传真用虚拟专用网等业务。我国的公用数字数据网（CHINADDN）是继 CHINAPAC 之后又一种公用数据网。

CHINADDN 于 1994 年 10 月开通，覆盖面积达国内主要城市，能够满足国内外用户高速、优质、大带宽的数据传输要求，是我国又一个重要的信息传输网络，可以弥补 CHINAPAC 传输容量小、时延大、传递多媒体数据"力不从心"的弱点。CHINADDN 目前已全网开通，传输速率可提供 9.6kb/s、19.2kb/s、64kb/s、128kb/s、256kb/s，直至 1Mb/s、2Mb/s，已与日本、美国等多个国家连接，提供国际数字化数据专线业务。相对 CHINAPAC 来讲，CHINADDN 的传输效率更高，故 DDN 已成为目前最常用的广域网通信子网组网手段，也是向今后更高速的传输网过渡的最佳方式，但 DDN 的收费较之 CHINAPAC 要高。

6.3　广域网接入技术实例

接入网一般指用户的计算机接入因特网。目前有多种接入因特网的方法，如通过局域网接入、电话线接入、有线电视接入、无线接入及通过卫星接入等。下面介绍三种常见的接入方式。

6.3.1　调制解调器拨号接入方式

拨号接入方式一般都是使用调制解调器将用户的计算机与电话线相连，通过电话线传输数据。

1. 调制解调器

调制解调器是最早出现的将计算机接入因特网的设备，在人们的日常生活中俗称为

"猫"。计算机远程通信中，为了降低成本，一般都借助于较成熟的公用电话网。为了利用公共电话网实现计算机之间的通信，必须在发送端将计算机处理的数字信号变换成能够在公共电话网传输的模拟信号，经传输后，再在接收端将模拟信号变换成数字信号送给计算机。数字信号变换成模拟信号的过程称调制，将模拟信号还原成数字信号的过程称解调。由于每台计算机既要发送数据又要接收数据，所以往往把调制与解调功能集成为一个设备，即调制解调器。

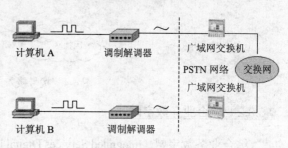

图 6-3 调制解调器的作用

（1）调制解调器的作用

调制解调器是计算机网络中的常用通信设备之一。通过调制解调器，计算机可以通过电话线与远程的计算机相连并进行通信，如图 6-3 所示。

（2）调制解调器的类型

1）按功能分类。

- 传统的用于数据传输的调制解调器。
- 兼有传真功能的 FAX/调制解调器。
- 用于有线电视网的 Cable 调制解调器。
- 用于 ADSL 的 ADSL 调制解调器。
- 数据语音同传调制解调器。

2）按调制方式分类。

- FSK 调制解调器。
- ASK 调制解调器。
- PSK 调制解调器。
- 混合调制调制解调器。

3）按是否提供收发双方的同步时钟分类。

- 异步调制解调器。
- 同步调制解调器。

4）按外形结构分类。

- 外置式调制解调器。外置式调制解调器放置于机箱外，以前都是通过串口连接的串口调制解调器，现在出现了 USB 接口连接的调制解调器，使用非常方便。
- 内置式调制解调器。内置式调制解调器安装在主板上的扩展槽上，并且要对中断的 COM 口进行设置。
- 插卡式调制解调器。插卡式调制解调器主要用于便携式计算机。

2. 拨号接入方式

利用调制解调器拨号接入因特网的方式如图 6-4 所示。用户的计算机和 ISP 的远程接入服务器均通过调制解调器和 PSTN 网络相连。用户在访问因特网时，通过拨号方式与 ISP 的远程接入服务器（Remote Access Server，RAS）建立连接，再通过 ISP 的路由器访问因特网。由于最高传输速率低，所以这种方式比较适合小型企业和个人用户使用。

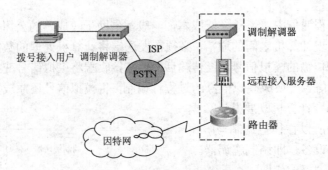

图 6-4　拨号接入方式示意图

6.3.2　综合业务数字网

综合业务数字网（Integrated Services Digital Network，ISDN）是数字网络，使用 ISDN 基本速率接口（Basic Rate Interface，BRI）时，本地回路可基于现有电话网，利用现在大多数家庭中都有的用来接入模拟电话网的铜质双绞线，与 ISDN 数字网设施双向传送高速数字信号，广泛地进行各项通信服务，包括打电话、发传真、接入因特网等，因为它只用一根线却几乎综合了目前各单项业务网络的功能，所以被形象地称做"一线通"。

近年来，由于因特网、SOHO（Small Office Home Office，小型办公室或居家办公）和远程接入等综合业务的发展，人们对信息传递方式的多样性和信息传递高速率的要求不断增加，为 ISDN 的发展提供了良好的应用前景。ISDN 是专为高速数据传输和高质量语音通信而设计的一种高速、高质量的通信网络，用户可以以申请模拟电话线相同的方式申请 ISDN 线。作为一个全数字的网络，ISDN 是与其他计算机系统、其他网络，诸如因特网、局域网进行通信的理想工具。

ISDN 的家庭用户都使用 BRI，这是一种经济的 ISDN 连接方式。BRI 连接时，根据 ISDN 网络终端设备的不同可以采用不同的方式接入因特网。

1）电话公司的 ISDN 线路连接到 NT1（网络终端 1）上。NT1 经 RJ-11 或 RJ-45 双绞线可与各种 ISDN 标准终端设备相连，ISDN 标准终端设备包括各种 ISDN 接口卡或 ISDN 独立式设备（如 ISDN 数字电话）。因此计算机内插入 ISDN 接口适配卡（类似于以太网的网络适配卡）接至 NT1，NT1 再接到 ISDN 线路可实现上网，如图 6-5 所示。

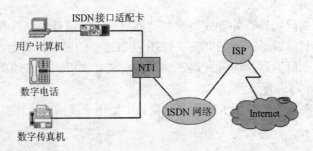

图 6-5　利用 ISDN 网卡和 NT1 接入方式

2）如果用 ISDN 线路来连接模拟设备，NT1 设备还需连接终端适配器 TA，TA 可以把普通模拟电话和其他非标准 ISDN 设备的信号转换成标准 ISDN 数字信号送给 NT1。因此计算机连 ISDN 网时，若不安装 ISDN 接口适配卡而用 COM 串行通信口，则必须先将

COM 串口连到 TA，由 TA 连至 NT1，最后再由 NT1 连至 ISDN 线路，如图 6-6 所示。

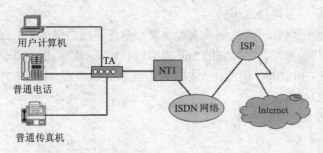

图 6-6　利用 NT1 和 TA 的接入方式

3）局域网连 ISDN 时，需要一台 ISDN 路由器，ISDN 路由器的一端连上 ISDN 网络，另一端连在局域网的交换机上，如图 6-7 所示。

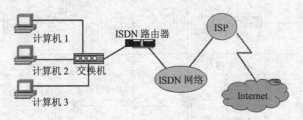

图 6-7　利用 ISDN 路由器的接入方式

ISDN 实现了从一个用户端到另一个用户终端之间的传输全部数字化，包括用户线路部分，以数字形式统一处理各种业务，使用户可以获得数字化的优异性能。与调制解调器相比，ISDN 有如下优点。

1）上网速度更快，最低传输速率 64kb/s，最高可达 128kb/s，拨通时间只需要几秒钟。

2）上网的同时还可以接、打电话或收、发传真。

3）稳定可靠，数字传输比模拟传输在静电和噪声方面受到的干扰更少，错误和重传更少。

6.3.3　非对称数字用户线路 ADSL

1. ADSL 的一般概念

ADSL（Asymmetric Digital Subscriber Line）是非对称数字用户线路的英文缩写。ADSL 是一种充分利用现有的电话铜质双绞线来开发宽带业务的非对称性的因特网接入技术。所谓非对称就是指用户线的上行（从用户到网络）和下行（从网络到用户）的传输速率不相同。根据传输质量、传输距离和线芯规格的不同，ADSL 可支持 1.5kb/s～8Mb/s 的下行带宽，16kb/s～1Mb/s 的上行带宽，最大传输距离可达 5km，由于目前的电话铜质双绞线是用 0～4kHz 的低频段来进行话音通信的，而一条铜质双绞线的理论带宽有 2Mb/s，这样，大量的高频端带宽被浪费了。ADSL 采用频分多路复用技术和回波消除技术在电话线上实现分隔有效带宽，利用电话线的高频部分（26kHz～2MHz）来进行数字传输，从而产生多路信道，大大增加了可用带宽。经 ADSL 调制解调器编码后的信号通过电话线传到电话局后再通过一个信号识别/分离器,如果是语音信号就传到电话交换机上，如果是数字信号就接入因特网。

由于 ADSL 利用现有的电话铜质双绞线能够向终端用户提供 8Mb/s 的下行传输速率和 1Mb/s 的上行传输速率，比传统的 56k 模拟调制解调器快将近 150 倍，也远远超过传输速率达 128kb/s 的 ISDN。因此，ADSL 成为继调制解调器、ISDN 之后的一种全新的更快捷、更高效的接入方式。

ADSL 的系统结构如图 6-8 所示。

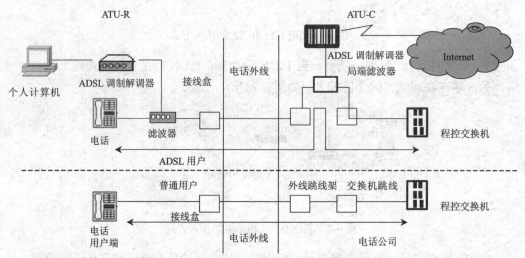

ATU-R：用户端 ADSL
ATU-C：中央交换局端模块 ADSL

图 6-8　ADSL 的系统结构

2. ADSL 的单用户接入方式

（1）ADSL 终端设备的安装
常见的 ADSL 组件如图 6-9 所示。

ADSL 调制解调器　　　　　　　　　　分离器

图 6-9　ADSL 终端设备

只要将电话线与滤波器（分离器）相连，滤波器与 ADSL 调制解调器之间用一条两芯电话线相连，ADSL 调制解调器与计算机的网卡之间用一条交叉网线连通即完成了设备的安装，如图 6-10 所示。

（2）ADSL 单用户接入方式
1）利用 PCI 接口的 ADSL 网卡接入，如图 6-11 所示。

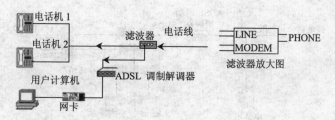

图 6-10 ADSL 终端设备的安装

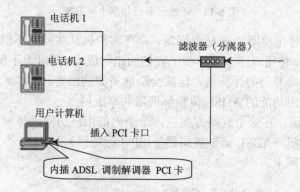

图 6-11 利用 PCI 接口的 ADSL 网卡接入

2）以太网接口外置式 ADSL 调制解调器接入，如图 6-12 所示。

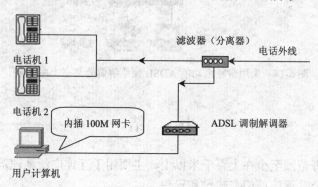

图 6-12 以太网外置式 ADSL 调制解调器接入

3. 局域网接入 ADSL

通过局域网利用 ADSL 同样可以实现多用户接入因特网，接入方式有两种，一种是通过服务器共享上网，一种是通过带路由功能 ADSL 调制解调器共享上网，下面分别进行简单介绍。

（1）通过服务器共享上网

如图 6-13 所示，这种共享上网的方式中，作为服务器的主机采用双网卡。用户的 ADSL 调制解调器和服务器的网卡 1 通信，然后，服务器通过网卡 2 连接到集线器或交换机。这样，就组成了一个内部用户访问因特网的通路：局域网用户→交换机→服务器网卡 2→服务器网卡 1→ADSL 调制解调器→ISP（因特网）。

这种联网方式作为服务器的主机必须要安装代理服务软件 Sygate 4.0 或以上版本

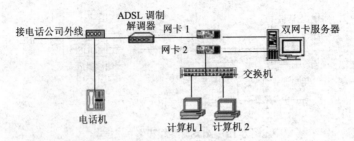

图 6-13　通过服务器共享上网方案

才能连接上网，有时在使用 Sygate 组网时，存在客户机某些网站不能访问的故障。如果除去这些软件问题，使用双网卡又增加了我们的组网成本，同时为了保证网络的稳定性，一般代理服务器需要专门的计算机，这就会造成资源的浪费。

（2）通过带路由功能的 ADSL 调制解调器共享上网

如图 6-14 所示，在这个联网方案里，一个内部用户访问因特网的通路就不同了：局域网用户→交换机→ADSL 调制解调器→ISP（因特网）。与上一个方案相比少了一台服务器和它的两块网卡。

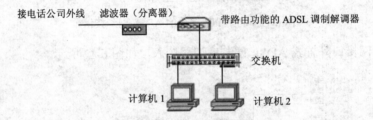

图 6-14　采用带路由功能 ADSL 调制解调器共享上网方案

小　　结

广域网的地理范围至少在上百千米以上，主要用于互连广泛地理范围内的局域网。广域网通常是由公共通信部门来建设和管理。

为了利用公共电话网实现计算机之间的通信，必须在发送端将计算机处理的数字信号变换成能够在公共电话网传输的模拟信号，经传输后，再在接收端将模拟信号变换成数字信号送给计算机。

公共传输网络基本可以分成三类：电路交换网络（拨号），主要是公共交换电话网和综合业务数字网；分组交换网络，主要是 X.25 分组交换网、帧中继和 ATM；专线，主要是 DDN 网。

思考与练习

一、填空题

1. 公共传输网络基本可以分成三类，它们分别是_____、_____和_____。

2. ADSL 提供_____上行速度和_____下行速度。

二、选择题

1. 在电话交换网上采用的传输技术是_____。
   A. 频带数字传输
   B. 基带数字传输
   C. 数字数据传输
   D. 报文
2. ISDN 的速度最高可达_____。
   A. 64kb/s
   B. 128kb/s
   C. 256b/s
   D. 32b/s
3. ADSL 采用的是_____多路复用技术。
   A. 频分多路复用
   B. 时分多路复用
   C. 波分多路复用
   D. 都有

三、简答题

1. 什么是广域网？广域网有哪些功能？
2. 试述广域网的几种连接技术。
3. ISDN 的主要特点有哪些？
4. 什么是 ADSL？ADSL 有哪些特点？ADSL 的接入方式有哪些？
5. 什么是 ADSL 调制解调器？
6. 试述 ADSL 设备中滤波器的作用（信号分离器）。
7. 试述 ADSL 单用户接入网的几种方式。

◆ 实 训 _____

项目 因特网用户接入操作方法与配置操作

【实训目的】
1）掌握 ADSL 调制解调器的安装方法。
2）掌握单用户通过电话线拨号连接因特网的方法。
3）掌握通过局域网利用 ADSL 调制解调器接入因特网的方法。
4）掌握通过局域网接入因特网的参数配置。

【实训环境】
1）ADSL 调制解调器。
2）做好的交叉网线一根，直通缆若干。
3）采用直接拨号公用电话线路一条，任意一个因特网服务提供商。
4）交换机一台。
5）安装了 Windows 2000 的计算机若干。

【实训内容与步骤】

1. 用户端 ADSL 硬件的安装

参照图 6-10 安装 ADSL 线路及设备。

图 6-10 为 ADSL 调制解调器和分离器的正确连接方法。分离器之前不可接分机、防盗器等，如有分机，应接在分离器之后。

把 ISP 提供的含 ADSL 功能的电话线接入滤波分离器的 LINE 接口，把普通电话接入 PHONE 接口，电话就可以使用了。

2. 用户端 ADSL 软件安装

目前提供的 ADSL 接入方式有专线入网方式和虚拟拨号入网方式。专线入网方式（即静态 IP 方式）由电信公司给用户分配固定的静态 IP 地址，这种方式上网相对要简单一些；虚拟拨号入网方式，即 PPPOE（Point To Point Protocol Ethernet）拨号方式，并非拨电话号码，费用也与电话服务无关，而是用户输入账号、密码，通过身份验证获得一个动态 IP 地址，用户需要在计算机里加装一个 PPPOE 拨号客户端的软件。

拨号软件 PPPOE 遵循基于局域网的点对点通信协议。通过 PPPOE 软件就可以使用习惯的拨号方式接入因特网。PPPOE 软件有多种。

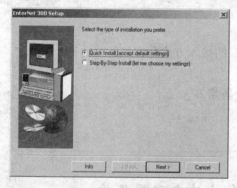

图 6-15　启动安装程序

（1）Windows 2000 下的安装

1）打开网上邻居，选择网卡上连接了 ADSL 设备的"本地连接"，右击进入属性面板，选择"安装"，然后选择"协议"，选择从"磁盘安装"，然后定位到 PPPOE 软件所在的路径目录，最后确定，启动安装程序，弹出图 6-15 所示的窗口。

2）在图 6-15 中选择"Quick Install（Accept Default Settings）"选项，然后单击 Next 按钮，并等待计算机自动安装 PPPOE 软件及驱动程序。

3）计算机重新启动后，选择并双击桌面上如图 6-16 所示的 EnterNet 300 图标，弹出如图 6-17 所示的窗口。

图 6-16　EnterNet 300 图标

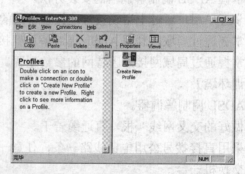

图 6-17　Profiles- EnterNet 300 窗口

4）在图 6-17 中选择"Create New Profile"图标并双击，弹出如图 6-18 所示的窗口。

5）在图 6-18 中，输入 ADSL 拨号方式连接名，例如 adsl，然后单击"下一步"按钮，弹出如图 6-19 所示的窗口。

6）在图 6-19 窗口中输入 ADSL 拨号正确的"用户名"和"密码"，"用户名"和"密

图 6-18　输入 ADSL 拨号方式连接名

图 6-19　输入用户名和密码

码”由 ISP 提供给用户，“密码”需要输入两次，然后单击“下一步”按钮后弹出如图 6-20 所示的窗口。

7）单击“完成”，则完成了 PPPOE 软件的安装和设置，并且出现了如图 6-21 所示的窗口。

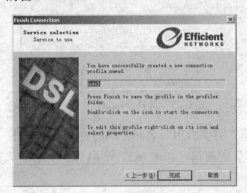

图 6-20　完成设置

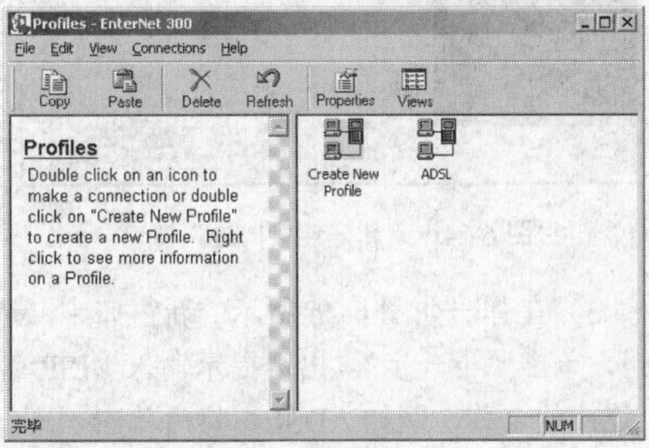

图 6-21　含 ADSL 图标的 Profile - EnterNet 300 窗口

8）在 Profile - EnterNet 300 窗口中出现新图标 adsl，双击该图标，打开 ADSL 连接，弹出如图 6-22 所示的窗口。单击 Connect 按钮，建立 ADSL PPPOE 呼叫。

9）呼叫建立成功之后，在计算机状态栏会出现如图 6-23 所示的双计算机小图标，表示连接成功。

图 6-22　打开 ADSL 连接

图 6-23　双计算机小图标

（2）Windows XP 的安装

Windows XP 是微软推出的最新视窗个人操作系统，它已经集成了 PPPOE 协议，ADSL 用户不需要安装任何其他 PPPOE 拨号软件，直接使用 Windows XP 的连接向导就可以建立自己的 ADSL 虚拟拨号连接。

1）安装好网卡驱动程序以后，选择"开始"→"程序"→"附件"→"通讯"→"新建连接向导"，出现如图 6-24 所示的"新建连接向导"窗口。

2）单击"下一步"，然后选择默认的"连接到 Internet"，单击"下一步"，弹出如图 6-25 所示的窗口，在这里选择"手动设置我的连接"，然后再击"下一步"。

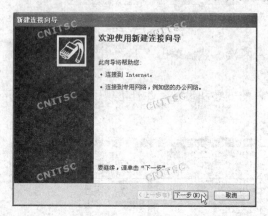

图 6-24　"新建连接向导"窗口

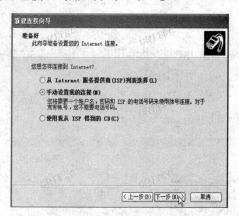

图 6-25　选择 Internet 接入方式

3）在弹出如图 6-26 所示的新窗口中，选择"用要求用户名和密码的宽带连接来连接"，单击"下一步"。出现提示输入"ISP 名称"的窗口，如图 6-27 所示，这里只是一个连接的名称，例如 ADSL，然后单击"下一步"。

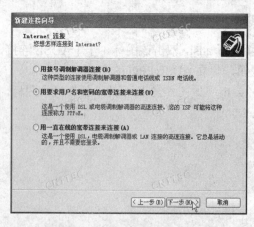

图 6-26　选择 PPPOE 连接

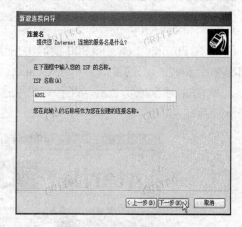

图 6-27　输入 ISP 名称

4）弹出如图 6-28 所示的新窗口。在这里可以选择此连接的是为任何用户所使用或仅为自己所使用，直接单击"下一步"。

5）在弹出如图 6-29 所示的新窗口中，输入自己的 ADSL 账号（即用户名）和密码（一定要注意用户名和密码的格式和字母的大小写），并根据向导的提示对这个上网连接进行 Windows XP 的其他一些安全方面设置，然后单击"下一步"。至此，Windows XP 的 PPPOE 拨号设置就完成了。

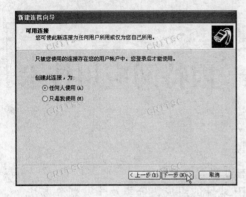 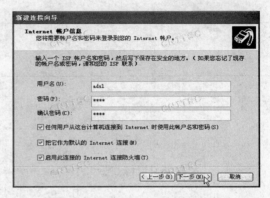

图 6-28　选择使用用户　　　　　　　　图 6-29　输入 APSL 用户名和密码

6）单击"完成"后，桌面上多了个名为 ADSL 的连接图标，如图 6-30 所示。双击该图标，出现如图 6-31 所示窗口，如果确认用户名和密码以后，直接单击"连接"即拨号上网成功连接后，会看到屏幕右下角有两部计算机连接的图标。

图 6-30　ADSL 图标　　　　　　図 6-31　"连接 ADSL"窗口

第7章

因特网应用技术

本章学习目标 ☞
- 掌握因特网的概念。
- 掌握 IP 地址的组成、分类及子网划分方法。
- 了解因特网的信息服务方式。

本章要点内容 ☞
- 因特网的产生与发展的介绍。
- IP 地址的组成、分类及子网划分方法。
- 因特网的主要服务。

本章学前要求 ☞
- 掌握因特网的基本知识。
- 了解常用的网络协议与服务。

7.1　因特网基础知识

　　Internet 也称为因特网，是指由遍布世界各地的计算机和各种网络在 TCP/IP 协议基础上互连起来的网络集合体。凡采用 TCP/IP 协议，且能与因特网中任何一台主机进行通信的计算机都可以看成是因特网的组成部分。

7.1.1　因特网的起源和发展

1. 因特网的起源

　　因特网起源于 ARPA 于 1968 年为冷战目的而研制的计算机实验网 ARPAnet。

　　ARPANET 通过一组主机-主机间的网络控制协议（NCP），把美国的几个军事及研究用计算机主机互相连接起来，目的是当网络的部分站点被损坏后，其他站点仍能正常工作，并且这些分散的站点能通过某种形式的通信网取得联系。1973 年，ARPANET 实现了与挪威和英格兰的计算机网络互连。1973～1974 年，TCP/IP 协议的体系结构和规范逐渐成型。

　　1982 年，ARPAnet 又实现了与其他多个网络的互连，并开始全面由 NCP 协议转向 TCP/IP 协议。1983 年，ARPAnet 分成两部分：一部分为军用网，称为 MILNET；另一部分为民用网，仍称 ARPAnet。ARPAnet 以 TCP/IP 协议作为标准协议，是早期的因特网主干网。TCP/IP 有一个非常重要的特点，就是开放性，即 TCP/IP 的规范和因特网的技术都是公开的。目的是使任何厂家生产的计算机都能相互通信，使因特网成为一个开放的系统，这正是后来因特网得到飞速发展的重要原因。

2. 因特网的发展

因特网的真正发展是从美国国家科学基金会（National Science Foundation，NSF）于 1986 年建成的 NSFNET 广域网开始。1989 年，在 MILNET 实现和 NSFNET 的连接之后，因特网的名称被正式采用，NSFNET 也因此彻底取代了 ARPAnet 而成为因特网的主干网。自此以后，美国其他部门的计算机网络相继并入因特网。到 20 世纪 90 年代初期，因特网事实上已经成为一个"网际网"，即各个子网分别负责自己网络的架设和运作的费用，并通过 NFSNET 互联起来。1992 年，因特网协会成立。

3. 因特网的普及

20 世纪 90 年代初，美国 IBM、MCI、MERIT 三家公司联合组建了一个 ANS 公司（Advanced Network and Services），建立了一个覆盖全美的 T3（44.746M）主干网ANSNET，并成为因特网的另一个主干网。1991 年底，NFSNET 的全部主干网都与 ANS的主干网 ANSNET 连通。与 NFSNET 不同的是，ANSNET 属 ANS 公司所有，而 NFSNET则是由美国政府资助的。

ANSNET 的出现使因特网开始走向商业化的新进程。1995 年 4 月 30 日，NFSNET正式宣布停止运作。随着商业机构的介入，出现了大量的 ISP 和 ICP（Internet Content Provider，因特网内容提供商），极大地丰富了因特网的服务和内容。世界各工业化国家，乃至一些发展中国家都纷纷实现与因特网的连接，使因特网迅速发展扩大成全球性的计算机互联网络。目前，加入因特网的国家已超过 150 个。

4. 因特网在中国的发展

1986 年，北京市计算机应用技术研究所实施的国际联网项目——中国学术网（Chinese Academic Network，CANET）启动，其合作伙伴是德国卡尔斯鲁厄大学。1987年 9 月，CANET 在北京计算机应用技术研究所内正式建成中国第一个国际互联网电子邮件结点，揭开了中国人使用因特网的序幕。

1990 年 11 月 28 日，我国正式在 SRI-NIC（Stanford Research Institute's Network Information Center）注册登记了中国的顶级域名 CN，并且从此开通了使用中国顶级域名 CN 的国际电子邮件服务。

我国自 1994 年正式加入因特网后，并在同年开始建立与运行自己的域名体系，发展速度相当迅速。全国已建起具有相当规模与技术水平的因特网主干网。

1997 年 6 月 3 日中国互联网信息中心（CNNIC）在北京成立，并开始管理我国的因特网主干网。CNNIC 的主要职责如下。

1）为我国的因特网用户提供域名注册、IP 地址分配等注册服务。

2）提供网络技术资料、政策与法规、入网方法、用户培训等信息服务。

3）提供网络通信目录、主页目录与各种信息库等目录服务。

CNNIC 的工作委员会由国内著名专家与主干因特网的代表组成，它们的具体任务是协助制定网络发展的方针与政策，协调我国的信息化建设工作。

7.1.2 因特网的信息服务方式

因特网的三个基本功能是共享资源、交流信息、发布和获取信息。为了实现这些功能，因特网资源服务大多采用的是客户机/服务器模式，即在客户机与服务器中同时运行相应的程序，使用户通过自己的计算机，获取网络中服务器所提供的资源服务，如图 7-1 所示。

服务器　　　　　　　　　　　　　　　　　　客户机

图 7-1　因特网中的客户机/服务器模式

因特网上具有丰富的信息资源，提供各种各样的服务和应用，下面介绍 4 种常用的信息服务方式。

1. 电子邮件

电子邮件（E-mail）是一种通过计算机网络与其他用户进行联系的快速、简便、高效、价廉的现代化通信手段，是因特网上最受欢迎、最普遍的应用之一。

1）电子邮件的主要特点是应用范围广泛、通信效率高、使用方便。

2）电子邮件系统使用的协议是 SMTP 和 POP3，并采用"存储-转发"的工作方式。在这种工作方式下，当用户向对方发送邮件时，邮件从该用户的计算机发出，通过网络中的发送服务器及多台路由器中转，最后到达目的服务器，并把该邮件存储在对方的邮箱中。当对方启用电子邮件软件进行联机接收时，邮件再从其邮箱中转发到他的计算机中。

3）与普通邮件一样，电子邮件也必须按地址发送。电子邮件地址标识邮箱在网络中的位置，其格式为（@表示 at 的含义）

用户名@邮箱所在的电子邮件服务器的域名

4）电子邮件的地址具有唯一性，每个电子邮件只能对应于一个用户，但一个用户可以拥有多个电子邮件。

2. 远程登录

远程登录（Telnet）是指在 Telnet 协议的支持下，本地计算机通过网络暂时成为远程计算机终端的过程，使用户可以方便地使用异地主机上的硬、软件资源及数据。

Telnet 远程登录程序由运行在用户的本地计算机（客户端）上的 Telnet 客户程序和运行在要登录的远程计算机（服务器端）上的 Telnet 服务器程序组成。

运行 Telnet 程序进行远程登录的方法之一是直接输入命令

Telnet <远程主机网络地址>

3. 文件传输

在因特网上，利用文件传送协议，可以实现在各种不同类型的计算机系统之间传输各类文件。

使用文件传输（FTP）服务通常要求用户在 FTP 服务器上有注册账号。但是，在因特网上，许多 FTP 服务器提供匿名（anonymous）服务，允许用户登录时以 anonymous 为用户名，自己的电子邮件地址作为口令。出于安全考虑，大部分匿名服务器只允许匿名 FTP 用户下载文件，而不允许上传文件。

4. 万维网

信息的浏览与查询是因特网提供的独具特色和最富有吸引力的服务。目前，使用最广泛和最方便的是基于超文本方式的、可提供交互式信息服务的万维网。

万维网不是传统意义上的物理网络，是基于因特网的、由软件和协议组成的、以超文本文件为基础的全球分布式信息网络，所以称为万维网。常规文本由静态信息构成，而超文本的内部含有链接，使用户可在网上对其所追踪的主题从一个地方的文本转到另一个地方的另一个文本，实现网上漫游。正是这些超链接指向的纵横交错，使得分布在全球各地不同主机上的超文本文件（网页）能够链接在一起。

在因特网中，各种资源的地址用统一资源定位器（Uniform Resource Locator，URL）进行表示，格式如下

<传输协议>://<主机的域名或 IP 地址>/<路径文件名>

例如

http://www.sina.com.cn/frontpage/production/default.htm

协议　　站点服务器　　　　路径　　　　　　文件名称

其中，<传输协议>定义所要访问的资源类型（如表 7-1 所示）。如果路径文件名为默认值，大部分主机会提供一个默认的文件名，如 index.html、default.html 或 homepage.html 等。

表 7-1　部分资源类型的含义

资源类型	含　义
file	访问本地主机
ftp	访问 FTP 服务器
http	访问 WWW 服务器
telnet	访问 Telnet 服务器

7.1.3　因特网相关组织

为了保证因特网可靠、健康地运行，国际上先后成立了一些自愿承担管理职责的非营利的组织或机构。下面简单介绍几个重要的因特网组织。

1. 国际互联网协会

国际互联网协会（ISOC）成立于 1992 年，也称因特网协会。

国际互联网工程任务组（Internet Engineering Task Force，IETF）是一个公开性质的大型民间国际团体，汇集了与因特网架构和因特网顺利运作相关的网络设计者、运营者、投资人和研究人员，并欢迎所有对此行业感兴趣的人士参与。

IETF 将工作组分为不同的领域，每个领域由几个 Area Director（AD）负责管理。

国际互联网工程指导委员会（Internet Engineering Steering Group，IESG）是 IETF 的上层机构，它由一些专家和 AD 组成，设一个主席职位。IAB 和 IETF 都是 ISOC 的成员，国际互联网架构理事会（Internet Architecture Board，IAB）负责 ISOC 的总体技术建议，并任命 IETF 主席和 IESG 成员。

国际互联网编号分配机构（Internet Assigned Numbers Authority，IANA）是 IAB 的下属机构负责管理与分配 IP 地址，并根据 IAB 和 IESG 的建议对 Internet 协议中使用的重要资源号码进行分配和协调。

2．国际互联网名字与编号分配机构

国际互联网名字与编号分配机构（Internet Corporation for Assigned Names and Numbers，ICANN）成立于 1998 年 10 月，本部设在洛杉矶。ICANN 目前负责全球许多重要的网络基础工作，如 IP 地址空间的分配（原来是由 IANA 负责），协议参数（protocol parameters）的配置，域名系统与根服务器系统（Root Server System）的管理。根据 ICANN 章程的规定，ICANN 为一家非赢利性公司，将在保证国际参与的前提下，负责协调因特网技术参数以保证网络的通信畅通，对地址资源以及域名系统进行管理和协调，以及监督域名系统根服务器系统的运行。

7.1.4　因特网常见术语

1）Internet：因特网，全球的计算机网络彼此互连达到服务与资源的共享。

2）ISP：因特网服务提供商。

3）Web：即万维网 World Wide Web，缩写为 WWW 或简称为 Web。

4）超文本：一种全局性的信息结构，它将文档中的不同的部分通过文字建立连接，使信息得以用交互式方式搜索。

5）HTTP：超文本传输协议，用来实现主页信息的传送。

6）主页：通过万维网进行信息查询时的起始信息页，即常说的网络站点的首页。

7）BBS：即电子公告栏系统。

8）电子邮件：通过网络来传递的邮件。

9）FTP：文件传输协议，用来实现两台主机传送文件。

10）HTML：超文本标记语言，用来制作 Web 页面，页面的扩展名为 "html" 或 "htm"。

11）POP：因特网上收取电子邮件的通信协议。

12）SMTP：因特网邮件发送协议。

13）TCP/IP：传输控制协议和互联网络协议，因特网上使用最广泛的网络通信协议。

14）超媒体：超媒体是超文本和多媒体在信息浏览环境下的结合。

7.2　因特网地址和域名

用户可以通过 IP 地址，也可以通过域名访问因特网。那么什么是 IP 地址？什么是域名？IP 地址和域名之间有何关系？本节主要解决这些问题。

7.2.1　IP 地址的组成与分类

1. IP 地址

因特网地址能够唯一地确定因特网上每台计算机与每个用户的位置。对于用户来说，因特网地址有两种表示形式：IP 地址与域名。

接入因特网的计算机与接入电话网的电话相似，每台计算机或路由器都有一个由授权机构分配的号码，这就是 IP 地址。

IP 地址采用分层结构。IP 地址是由网络号与主机号两部分组成，其结构如图 7-2 所示。其中网络号是用来标识一个逻辑网络，主机号用来标识网络中的一台主机。一台因特网主机至少有一个 IP 地址，而且这个 IP 地址是全网唯一的。如果一台因特网主机有两个或多个 IP 地址，则该主机属于两个或多个逻辑网络。

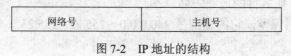

网络号	主机号

图 7-2　IP 地址的结构

2. IP 地址的分类

目前主要采用 IPv4 地址方法，IP 地址长度为 32 位，为了方便用户理解与记忆，通常采用 x.x.x.x 的格式来表示。每个 x 为 8 位。例如 202.113.29.119，每个 x 的值为 0~255。这种格式的地址称为点分十进制地址。

例如，二进制形式的 IP 地址

> 10101100 10101000 00000000 00000011

点分形式的 IP 地址

> 172.168.0.3

根据不同的取值范围，IP 地址可以分为五类。五类 IP 地址的区别如表 7-2 所示。IP 地址中高位字节用于标识 IP 进址的类别，A 类地址的第一位为"0"，B 类地址的前二位为"10"，C 类地址的前三位为"110"，D 类地址的前四位为"1110"，E 类地址的前五位为"11110"。其中，A 类、B 类与 C 类地址为基本的 IP 地址。由于 IP 地址的长度限定在 32 位，类标识符长度越长，则可用的地址空间越小。

表 7-2　IP 地址的分类

地址类型	地址范围	说　明
A 类	1.0.0.1~126.255.255.254	第 1 段是网络 ID，其余 3 段是主机 ID
B 类	128.0.0.1~191.255.255.254	前 2 段是网络 ID，其余 2 段是主机 ID
C 类	192.0.0.1~223.255.255.254	前 3 段是网络 ID，最后一段是主机 ID
D 类	224.0.0.0~239.255.255.255	组播地址
E 类	240.0.0.0~255.255.255.255	研究用地址

对于 A 类地址，其网络地址空间长度为 7 位，主机地址空间长度为 24 位。A 类地址是 1.0.0.1~126.255.255.254。由于网络地址空间长度为 7 位，因此允许有 126 个不同的 A 类网络（网络地址的 0 和 127 保留用于特殊目的）。同时，由于主机地址空间度为

24 位，因此每个 A 类网络的主机地址数多达 2^{24}-2（全为 0 的为网络地址，全为 1 为广播地址）个。A 类 IP 地址结构适用于有大量主机的大型网络。

对于 B 类 IP 地址，其网络地址空间长度为 14 位，主机地址空间长度为 16 位。B 类 IP 地址范围为 128.0.0.1～191.255.255.254。由于网络地址空间长度为 14 位，因此允许有 2^{14} 个不同的 B 类网络。同时，由于主机地址空间长度为 16 位，因此每个 B 类网络的主机地址数最多为 2^{16}-2 个。B 类 IP 地址适用于一些国际性大公司与政府机构等。

对于 C 类 IP 地址，其网络地址空间长度为 21 位，主机地址空间长度为 8 位。C 类 IP 地址为 192.0.0.0～223.255.255。由于网络地址空间长度为 21 位，因此允许有 2^{21} 个不同的 C 类网络。同时，由于主机地址空间长度为 8 位，因此每个 C 类网络的主机地址数最多为 254 个。C 类 IP 地址特别适用于一些小公司与普通的研究机构。

D 类 IP 地址不标识网络，它的范围是 224.0.0.0～239.255.255.255。D 类 IP 地址用于其他特殊的用途，如多目的地址广播。

E 类 IP 地址暂时保留，它的范围是 240.0.0.0～255.255.255.255。E 类地址用于某些实验和将来使用。

使用点分十进制编址很容易识别是哪类 IP 地址。例如，从第一个十进制数，很容易判定 14.0.0.0 是 A 类地址、131.21.1.4 是 B 类地址、194.0.32.63 是 C 类地址。

3. IP 地址的分配

因特网是世界上最大的一个公用网，具有注册 IP 地址的主机均可以被网上其他主机路由访问。在局域网内部可使用没有注册的 IP 地址，但是如果要将内部网连到因特网，则必须获得注册的 IP 地址才能访问因特网以及其他用户通过因特网所访问。

因特网的 IP 地址分配是分级进行的。实际上分级进行的是 IP 网络 ID 的分配，目的是为了保证网络地址的全球唯一性。而具体的主机 ID，则由得到网络 ID 的机构或组织自行决定如何分配。因此，网络 ID 的唯一性与网络内主机的唯一性确保了 IP 地址的全球唯一性。

7.2.2 子网与子网划分

随着因特网的飞速发展，IPv4 标准中的 IP 地址出现了不够用的情况。另一方面，按类别分配地址造成了地址空间的很大浪费。为了解决这一矛盾，可对地址中的主机位进行逻辑细分，划分出子网，并通过子网掩码识别。

1. 子网

子网就是把一个大网分割开来而生成的较小网络。在因特网或 TCP/IP 网络中，通过路由器连接的网段就是子网，同一子网的 IP 地址必须具有相同的网络地址。

2. 子网掩码

子网掩码也是一组 32 位的二进制数，形式上与 IP 地址一样。同一子网中的子网掩码相同，其作用是确定 IP 地址中的网络地址。

通过子网掩码，可以区分出一个 IP 地址的网络地址和主机地址。方法是子网掩码中的 1 对应的 IP 地址位为网络地址；子网掩码中的 0 对应的 IP 地址位为主机地址。

（1）标准子网掩码

A、B、C 三类网络都有一个标准子网掩码（默认子网掩码），即固定的子网掩码。

A 类 IP 地址的标准子网掩码是 255.0.0.0，写成二进制是 11111111.00000000.00000000.00000000，即前 8 位用于 IP 地址的网络部分，其余 24 位是主机部分。

B 类 IP 地址的标准子网掩码是 255.255.0.0，写成二进制是 11111111.11111111.00000000.00000000，即前 16 位用于 IP 地址的网络部分，其余 16 位是主机部分。

C 类 IP 地址的标准子网掩码是 255.255.255.0，写成二进制是 11111111.11111111.11111111.00000000，即前 24 位用于 IP 地址的网络部分，其余 8 位是主机部分。

（2）非标准子网掩码（定制子网掩码）

用标准的子网掩码划分的 A、B、C 类网络，每一类网络中的主机数是固定的，造成了地址空间的很大浪费。为了提高 IP 地址的使用效率，通过定制子网掩码从主机地址高位中再屏蔽出子网位，可将一个网络划分为子网，方法是：从主机位最高位开始借位变为新的子网位，剩余的部分仍为主机位。通过这种划分方法，可建立更多的子网，而每个子网的主机数相应地有所减少。

定制子网掩码的方法是：把所有的网络位和子网位用 1 来标识，主机位用 0 来标识。即通过子网掩码屏蔽掉 IP 地址中的主机位，保留网络 ID 和子网号。

3. 子网划分的方法

在子网划分时，首先要明确划分后要得到的子网数量和每个子网中所要拥有的主机数，然后才能确定需要从原主机位借出的子网络标识位数。原则上，根据全"0"和全"1"IP 地址保留的规定，子网划分时至少要从主机位的高位中选择两位作为子网络位，而只要能保证保留两位作为主机位，A、B、C 类网络最多可借出的子网络位是不同的，A 类可达 22 位，B 类为 14 位，C 类则为 6 位。当借出的子网络位数不同时，相应可以得到的子网络数量及每个子网中所能容纳的主机数也是不同的。表 7-3 给出了子网络位数的子网络数量、有效子网络数量之间的对应关系，所谓有效子网络是指除去那些子网络位全"0"或全"1"的子网后所留下的可用子网。

表 7-3　子网络位数与子网数量、有效子网数量的对应关系

子网络位	子网数量	有效子网数量
1	$2^1=2$	2-2=0
2	$2^2=4$	4-2=2
3	$2^3=8$	8-2=6
4	$2^4=16$	16-2=14
5	$2^5=32$	32-2=30
6	$2^6=64$	64-2=62
7	$2^7=128$	128-2=126
8	$2^8=256$	256-2=254
9	$2^9=512$	512-2=510
...	...	...

下面以一个 C 类网络子网划分的例子来说明子网划分的具体方法。假设一个由路由器相连的网络，共有三个相对独立的网段，并且每个网段的主机数不超过 30 台，如图 7-3 所示，现需要我们以子网划分的方法为其完成 IP 地址规划。由于该网络中所有网段合起来的主机数没有超出一个 C 类网络所能容纳的最大主机数，所以可以利用一个 C 类网络的子网划分来实现。假定为它们申请了一个 C 类网络 202.11.2.0，则在子网划分时需要从主机位中借出其中的高 3 位作为子网络位，这样一共可得 8 个子网络，每个子网络的相关信息表见表 7-4。其中，第 1 个子网因网络号与未进行子网划分前的原网络号 202.11.2.0 重复不可用，最后一个子网与未进行子网划分前的原广播地址 202.11.2.255 重复也不可用，这样我们可以选择 6 个可用子网中的任何三个为现有的三个网段进行 IP 地址分配，留下三个可用子网将作为未来网络扩充之用。

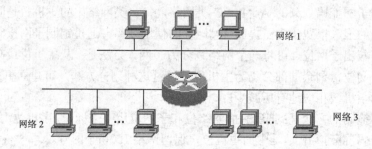

图 7-3 一个由路由器相连的网络实例

表 7-4 对 C 类网络 202.11.2.0 进行子网划分的例子

第 n 个子网	地址范围	网络号	广播地址
1	202.11.2.1～202.11.2.30	202.11.2.0	202.11.2.31
2	202.11.2.33～202.11.2.62	202.11.2.32	202.11.2.63
3	202.11.2.65～02.11.2.94	202.11.2.64	202.11.2.95
4	202.11.2.97～202.11.2.126	202.11.2.96	202.11.2.127
5	202.11.2.129～202.11.2.158	202.11.2.128	202.11.2.159
6	202.11.2.161～202.11.2.190	202.11.2.160	202.11.2.191
7	202.11.2.193～202.11.2.222	202.11.2.192	202.11.2.223
8	202.11.2.225～202.11.2.254	202.11.2.224	202.11.2.255

7.2.3 域名

1. 什么是域名

IP 地址为因特网提供了统一的编址方式，直接使用 IP 地址就可以访问因特网中的主机。一般来说，用户很难记住 IP 地址。例如，用点分十进制表示的某个主机的 IP 地址为 212.132.17.112，就很难记住这样一串数字了。但是，如果告诉你新浪服务器地址，用字符表示成 www.sina.com.cn，每个字符都有一定的意义，并且书写有一定的规律，那么这样用户就容易理解，又容易记忆，因此就提出了域名这个概念。

2. 因特网的域名结构

因特网的域名结构是由 TCP/IP 协议集的域名系统定义，其结构也与 IP 地址的结构一样，采用的是典型的层次结构。域名系统将整个因特网划分为多个顶级域，并为每个顶级域规定了通用的顶级域名，如表 7-5 所示。

表 7-5 顶级域名分配

顶级域名	域名类型
com	商业组织
edu	教育机构
gov	政府部门
int	国际组织
mil	军事部门
net	网络支持中心
org	各种非营利组织
国家代码	各个国家

由于美国是因特网的发源地，因此美国的顶级域名是以组织模式划分。对于其他国家，它们的顶级域名是以地理模式划分的，每个申请接入因特网的国家都可以作为一个顶级域出现。例如，cn 代表中国家，jp 代表日本，fr 代表法国，uk 代表英国，ca 代表加拿大，au 代表澳大利亚。

网络信息中心将顶级域的管理权授予指定的管理权授予指定的管理机构，各个管理机构再为它们所管理的域分配二级域名，并将二级域名的管理权授予其下属的管理机构。一层层细分，就形成了因特网层次状的域名结构。

3. 我国的域名结构

中国互联网信息中心负责管理我国的顶级域，它将 cn 域划分为多个二级域，如表 7-6 所示。

我国二级域的划分采用了两种划分模式：组织模式与地理模式。其中，前 7 个域对应于组织模式，而行政区代码对应于地理模式。按组织模式划分的二级域名中，ac 表示科研机构，com 表示商业组织，edu 表示教育机构，gov 表示政府部门，int 表示国际组织，net 表示网络支持中心，org 表示各种非营利组织。在地理模式中，bj 代表北京市，sh 代表上海市，tj 代表天津市，he 代表河北省，hl 代表黑龙江省，nm 代表内蒙古自治区，hk 代表（中国）香港。

表 7-6 二级域名分配

二级域名	域名类型	二级域名	域名类型
ac	科研机构	int	国际组织
com	商业组织	net	网络支持中心
edu	教育机构	org	各种非营利性组织
gov	政府部门	行政区代码	我国的各个行政区

7.3 因特网服务功能

对上网用户来讲，为了获得因特网中某个服务器的资源服务，必须在自己本地计算机上安装并运行符合该服务器传输协议规范的客户程序。

需要说明的是，因特网中客户机与服务器的概念是相对的。例如，当用户从一台服务器上查询得到某方面信息时，不一定直接取自这台服务器，也可能是它作为客户从别的服务器那里得到的信息。

因特网上有丰富的信息资源，提供各种各样的服务和应用。

7.3.1 WWW 应用

信息的浏览与查询是因特网提供的独具特色和最富有吸引力的服务。目前，使用最广泛和最方便的是基于超文本方式的、可提供交互式信息服务的 WWW。WWW 采用文本、图片、动画、音频、视频等多媒体技术手段，向用户提供大量动态实时信息，而且界面友好，使用简单。

WWW 技术的基础有两个方面：超文本传输协议 HTTP 和超文本标记语言 HTML。HTTP 用于通信双方之间传递由 HTML 构成的信息，而 HTML 用于如何把信息显示给用户。与因特网上其他许多服务一样，WWW 采用 C/S 的工作方式。它的服务器就是 WWW 服务器（也称 Web 服务器），它的客户机称为 Web 浏览器。

HTTP 是一种请求响应类协议，客户机向服务器发送请求，服务器在 HTTP 默认的端口 80 响应请求，一旦连接成功，双方即可交换信息。

1. 基本知识

（1）网站

指以 Web 应用为基础，提供信息和服务的因特网网络站点。

（2）网页

在因特网上以 WWW 技术为用户提供信息的基本单元，因类似于图书的页面而得名，也可以看成是包含文字、图形、图像、动画、音频、视频等信息容器。通过浏览器登录某个 Web 网站所能见到的第一个网页称为主页，即 homepage。

（3）HTML

HTML 是一种 Web 网页的内容格式和结构的描述语言。实际上，网页的内容能够以文字、图形、图像、动画、音频、视频等形式通过浏览器生动地展现在用户面前，就是因为在网页中使用 HTML 标记来指定各种显示格式和效果，而浏览器则负责翻译并显示这些效果。

（4）HTTP

HTTP 是用于 WWW 客户机和服务器之间进行信息传输的协议，它是一种请求响应的协议，客户机向服务器发出请求，服务器则对这个请求做出响应。如由 HTML 标记语言构成的网页就是利用 HTTP 协议传送的。

（5）URL

URL 用来唯一地标识某个网络资源，如网站的地址。

2. WWW 浏览器

因特网中的网站成千上万，要想在网络的海洋里自由地冲浪，浏览器是必不可少的，那么，什么是浏览器呢？

浏览器是一种基于 Web 技术的客户端软件，安装在网络用户的计算机上。用户利用浏览器向 Web 服务器提出服务请求，比如请求某网页，服务器响应请求后向用户发送所请求的网页，浏览器收到该网页后分析、解释网页的 HTML 标记，并按相应的格式和效果在用户的计算机上显示该网页。需要指出的是，当前许多 WWW 浏览器不仅仅是 HTML 文件的浏览器，同时也能作为 FTP、Mail 等网络应用的客户端软件。

WWW 浏览器有许多种，其中最流行的是 Microsoft 公司的 Internet Explorer（IE）和 Netscape 公司的 Navigator，这两种浏览器功能齐全，使用方便，绝大多数网站都支持这两种浏览器。

（1）Internet Explorer

Internet Explorer 是由美国 Microsoft 公司开发的 WWW 浏览器软件。Internet Explorer 的出现虽比 Navigator 晚一些，但由于 Microsoft 公司在计算机操作系统领域的优势，以及它本身是一个免费软件，在浏览器市场的占有率逐年增长。新版本的 Internet Explorer 将因特网中使用的整套工具集成在一起。我们可以使用 Internet Explorer 来浏览主页、收发电子邮件、阅读新闻组、制作与发表主页，或是上网聊天。图 7-4 是 IE 6.0 的窗口界面。

图 7-4　IE6.0 的窗口界面

（2）Navigator

Navigator 是由美国 Netscape 公司开发的 WWW 浏览器软件。Navigator 的出现，给网络用户带来了很大的方便，得到了非常广泛的应用。新版本的 Navigator 软件将因特网中使用的整套工具集成在一起。我们可以使用 Navigator 来浏览主页、收发电子邮件、阅读新闻组、制作与发表主页，或是上网聊天。

3. 搜索引擎

因特网中拥有数目众多的 WWW 服务器，而且 WWW 服务器所提供的信息种类及所覆盖的领域也极为丰富，如果要求用户了解每台 WWW 服务器的主机名，以及它所提供的资源种类，这简直就是天方夜谭。那么，用户如何在数百万个网站中快速、有效地查找到想要得到的信息呢？这就要借助因特网中的搜索引擎。

搜索引擎是因特网上的一个 WWW 服务器，它的主要任务是在因特网中主动搜索其他 WWW 服务器中的信息并对其自动索引，将索引内容存储在可供查询的大型数据库中，用户可以利用搜索引擎所提供的分类目录查找所需要的信息。

用户在使用搜索引擎之前必须知道搜索引擎站点的主机名，通过该主机名，用户便可以访问到搜索引擎站点的主页。使用搜索引擎，用户只需要知道自己要查找什么，或要查找的信息属于哪一类。当用户将自己要查找信息的关键字告诉搜索引擎后，搜索引擎会返回给用户包含该关键字信息的 URL，并提供通向该站点的链接，用户通过这些链接便可以获取所需的信息。图 7-5 是 Google 搜索引擎的主界面。

图 7-5　Google 搜索引擎主界面

7.3.2　电子邮件服务

1. 电子邮件服务的概念

电子邮件服务又称为 E-mail 服务，是一种通过计算机网络与其他用户进行联系的快速、简便、高效、价廉的现代化通信手段，是因特网上最受欢迎、最普遍的应用之一。它为因特网用户之间发送和接收消息提供了一种快捷、廉价的现代化通信手段，在电子商务及国际交流中发挥着重要的作用。例如，电子商务交易的各方可以利用电子邮件传递合同、订单等单据。传统通信需要几天完成的传递，电子邮件系统仅用几分钟，甚至几秒钟就可以完成。

现在，电子邮件系统不但可以传输各种格式的文本信息，而且还可以传输图像、声音、视频等多种信息。电子邮件系统已成为多媒体信息传输的重要手段之一。

2. 邮件服务器与电子邮箱

大家都知道，社会上存在的邮政系统已经有近千年的历史。各国的邮政系统要在自己的管辖的范围内设立邮局，要在用户家门口设立邮箱，要让一些人担任邮递员负责接收与分发信件。各国的邮政部门要制定相应的通信协议与管理制度，甚至要规定信封按什么规则书写。总之，正是由于有一套严密的组织体系、通信规程与约定，才能保证世界各地的信件能够及时、准确地送达，世界范围的邮政系统有条不紊地运转。

因特网中的电子邮件也具有与社会中的邮政系统相似的结构与工作规程，不同之处在于，社会中的邮政系统是由人在运转着，而电子邮件是计算机网络中通过计算机、网络、应用软件与协议来协调、有序地运行着。

因特网中的电子邮件系统，同样设有邮局-邮件服务器、邮箱-电子邮箱，并有自己的电子邮件地址书写规则。

邮件服务器是因特网邮件服务系统的核心，它的作用与日常生活中的邮局相似。一方面，邮件服务器负责接收用户送来的邮件，并根据收件人地址发送到对方的邮件服务器中；另一方面，它负责接收由其他邮件服务器发来的邮件，并根据收件人地址分发到相应的电子邮箱中。

如果我们要使用电子邮件服务，首先要拥有一个电子邮箱。电子邮箱是由提供电子邮件服务的机构（一般是 ISP）为用户建立的。当用户向 ISP 申请因特网账户时，ISP就会在它的邮件服务器上建立该用户的电子邮件账户，它包括用户名与用户密码。任何人都可以将电子邮件发送到某个电子邮箱中，但只有电子邮箱的拥有者输入正确的用户名和密码，才能查看电子邮件内容或处理电子邮件。

每个电子邮箱都有一个邮箱地址，称为电子邮件地址。电子邮件地址的格式是固定的，并且在全球范围内是唯一的。用户的电子邮件地址格式为用户名@主机名，其中，"@"表示"at"。主机名指的是拥有独立 IP 地址的计算机的名字，用户名是指在该计算机上为用户建立的电子邮件账号。例如，在"163.com"主机上，有一个用户名为 user的用户，那么该用户的电子邮件地址为 user@163.com。

3. 电子邮件服务的工作过程

电子邮件服务基于客户机/服务器结构，它的具体工作进程如图 7-6 所示。首先，发送方将写好的邮件发送给自己的邮件服务器，发送方的邮件服务器接收用户送来的邮件。并根据收件人地址发送到对方的邮件服务器中。接收方的邮件服务器接收到其他服务器发来的邮件，并根据收件人地址分发到相应的电子邮箱中。最后，接收方将电子邮件发出后，通过什么样的路径到达接收方，这个过程可能非常复杂，但是不需要用户介入，一切都是在因特网中自动完成的。

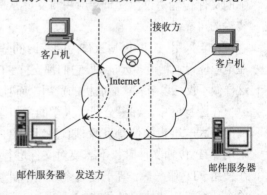

图 7-6　电子邮件服务的工作原理

4. 电子邮件应用程序

通过客户机中的电子邮件应用程序，我们才能发送与接收电子邮件。能够实现电子邮件功能的应用程序很多，最常用的有 Microsoft 公司的 Outlook Express。

电子邮件应用程序的功能主要有两个方面：一方面，电子邮件应用程序负责将写好的邮件发送到邮件服务器中；另一方面，它负责从邮件服务器中读取邮件，并对它们进行处理。

目前，电子邮件系统几乎可以运行在任何硬件与软件平台上。各种电子邮件系统所提供的服务功能基本是相同的，通过它都可以完成创建与发送电子邮件，接收、阅读与管理电子邮件，以及账号、邮箱与通讯簿管理。

在电子邮件程序向邮件服务器中发送邮件时，使用的是简单邮件传输协议，而在电子邮件程序从邮件服务器中读取邮件时，可以使用邮局协议或交互式邮件存取协议，它取决于邮件服务器支持的协议类型。

5. 电子邮件的格式

电子邮件与普通的邮件信件相似，也有自己固定的格式。电子邮件包括邮件头与邮件体两部分。邮件头是由多项内容构成，其中，一部分是由系统自动生成的，例如发信人地址、邮件发送的日期与时间，另一部分是由发件人自己输入的，例如收信人地址、抄送人的地址与邮件主题等。

邮件体就是实际要传送的信函内容。传统的电子邮件系统只能传输英文信息，而采用多目的电子邮件系统扩展的电子邮件系统不但能传输各种文字信息，而且能传输图像、语音、视频等多种信息，这就使得电子邮件变得丰富多彩起来。

7.3.3 文件传输服务

1. 文件传输的概念

文件传输服务又称为 FTP 服务，它是因特网中最早提供的服务功能之一，在因特网上，利用文件传输服务，可以实现在各种不同类型的计算机系统之间传输各类文件。

文件传输服务是由 FTP 应用程序提供的，而 FTP 应用程序遵循的是 TCP/IP 协议组中的文件传输协议，它允许用户将文件从一台计算机传输到另一台计算机，并且能保证传输的可靠性。

由于采用 TCP/IP 协议作为因特网的基本协议，因此，无论两台接入因特网的计算机在地理位置上相距多远，只要它们都支持 FTP 协议，它们之间就可以随意地相互传送文件。这样做不仅可以节省实时联机的费用，而且可以方便地阅读与处理传输过来的文件。

在因特网中，许多公司、大学的主机上含有数量众多的各种程序与文件，这是因特网的巨大与宝贵的信息资源。通过使用 FTP 服务，用户就可以方便地访问这些信息资源。采用 FTP 传输文件时，不需要对文件进行复杂的转换，因此 FTP 服务的效率比较高。在使用 FTP 服务后，等于使每个联网的计算机都拥有一个容量巨大的备份文件库，这是单个计算机无法比拟的优势。

2. 文件传输的工作过程

FTP 服务采用的是典型的客户机/服务器工作模式，它的工作过程如图 7-7 所示。提供 FTP 服务的计算机称为 FTP 服务器，它通常是信息服务提供者的计算机，就相当于一个文件仓库。用户的本地计算机称为客户机。我们将文件从 FTP 服务器传输到客户机的过程称为下载，而将文件从客户机传输到 FTP 服务器的过程称为上传。

FTP 服务是一种实时的联机服务，用户在访问 FTP 服务器之前必须进行登录，登录要求用户给出其在 FTP 服务器上的合法账号和口令。只有成功登录的用户才能访问该 FTP 服务器，并对授权的文件进行查阅和传输。FTP 的这种工作方式限制了因特网上一些公用文件及资源的发布。为此，多数的 FTP 服务器都提供了一种匿名服务。

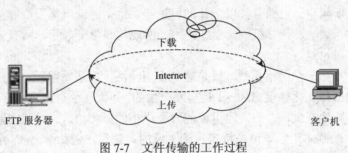

图 7-7　文件传输的工作过程

3. 匿名 FTP 服务

匿名 FTP 服务的实质是：提供服务的机构在它的 FTP 服务器上建立一个公开账户（一般为 Anonymous），并赋予该账户访问公共目录的权限，以便提供免费服务。如果用户要访问这些提供匿名服务的 FTP 服务器，一般不需要输入用户名与用户密码。如果需要输入它们的话，可以用"Anonymous"作为用户名，用"Guest"作为用户密码，有些 FTP 服务器可能会要求用户用自己的电子邮件地址作为用户密码。提供这类服务的服务器叫做匿名 FTP 服务器。

目前，因特网用户使用的大多数 FTP 都是匿名服务。为了保证 FTP 服务器的安全，几乎所有的匿名 FTP 服务都只允许用户下载文件，而不允许用户上传文件。

4. FTP 客户端程序

目前，常用的 FTP 客户端程序通常有传统的 FTP 命令行、浏览器与 FTP 下载工具三种类型。

传统的 FTP 命令行是最早的 FTP 客户端程序，它在 Windows 95 中仍然能够使用，但是需要进入 MS-DOS 窗口。FTP 命令包括了 50 多条命令。

目前的浏览器不但支持 WWW 方式访问，还支持 FTP 方式访问，通过它我们可以直接登录到 FTP 服务器并下载文件。例如，如果要访问南开大学的 FTP 服务器，只需在 URL 地址栏中输入"ftp://ftp.nankai.edu.cn"即可。

在使用 FTP 命令行或浏览器从 FTP 服务器下载文件时，如果在下载过程中网络连接意外中断，我们下载的那部分文件将会前功尽弃。FTP 下载工具可以为我们解决这个问题，通过断点续传功能就可以继续进行剩余部分的传输。目前，常用的 FTP 下载工具主要有以下几种：CuteFTP、LeapFTP、BulletFTP 与 WS-FTPT 等。

7.3.4　新闻与公告类服务

因特网的魅力不仅表现在为用户提供丰富的信息资源上，还表现在能与分布在世界各地的网络用户进行通信，并针对某个话题展开讨论。在因特网上讨论的话题涉及工作与生活的各个方面。

1. 网络新闻组

网络新闻组是一种利用网络进行专题讨论的国际论坛，到目前为止，Usenet 仍是最大规模的网络新闻组。它拥有数以千计的讨论组，每个讨论组都围绕着某个专题展开讨论，例如哲学、数学、计算机、文学、艺术、游戏与科学幻想等，所有你能想到的主题都会有相应的讨论组。

Usenet 并不是一个网络系统，只是建立在因特网上的逻辑组织，也是因特网以及其他网络系统的一种文化体现。Usenet 是自发产生的，并像一个有机体一样不断地变化着。新的新闻组不断地产生，大的新闻组可能分裂成小的新闻组，同时某些新闻组也可能会解散。Usenet 的基本组织单位是特定讨论主题的讨论组，例如，comp 是关于计算机话题的讨论组，sci 是关于自然科学各个分支话题的讨论组。

Usenet 不同于因特网上的交互式操作方式，在 Usenet 服务器上存储的各种信息会周期性地转发给其他 Usenet 服务器，最终传遍世界各地。Usenet 的基本通信方式是电子邮件，但它不是采用点对点通信方式，而是采用多对多的传递方式。

用户可以使用新闻阅读程序访问 Usenet 服务器，发表意见、阅读网络新闻。网络新闻阅读程序是客户端程序，它是专门用来阅读网络新闻的，一般都能完成以下的工作。

1）搜索用户指定的新闻组，列出用户未曾读过的文章。

2）根据用户的命令显示文章的内容。

3）保存用户阅读的文章。

4）选择用户感兴趣的新闻组。

5）允许用户针对某文章发表自己的意见。

6）允许用户提出自己的问题。

2. 电子公告牌

电子公告牌（BBS）也是因特网上较常用的服务功能之一。电子公告牌提供一块公共电子白板，每个用户都可以在上面书写、发布信息或提出看法。用户可以利用 BBS 服务与未谋面的网友聊天、组织沙龙、获得帮助、讨论问题及为别人提供信息。

电子公告牌就像日常生活中的黑板报，可以按不同的主题分成很多个布告栏，布告栏是依据大多数 BBS 使用者的需求与喜好而设立的。使用者可以阅读他人关于某个主题的最新看法，它有可能是在几秒钟之前别人刚发布的。使用者也可以将自己的看法毫无保留地贴到布告栏中去，你同样也可以看到别人对你的观点评价。如果需要私下进行交流的话，你可以将想说的话直接发到某人的邮箱中。

网上聊天是 BBS 的一个重要功能，一台 BBS 服务器上可以开设多个聊天室。进入聊天室的人要输入一个聊天代号，先到聊天室的人会列出本次聊天的主题，用户可以在自己计算机的屏幕上看到。用户可以通过阅读屏幕上所显示的信息及输入自己想要表达的信息，与同一聊天室的网友进行聊天。

在 BBS 中，人们之间的交流打破了空间与时间的限制。当你与别人进行交流时，无需考虑年龄、学历、知识、社会地位、财富、外貌与健康状况，而这些条件在人们的其他交往形式中是无法回避的。但是，你也无法得知对方的真实社会地位。采用这种形式，你可以平等地与其他人进行任何问题的讨论。

早期的 BBS 服务是一种基于远程登录的服务，想要使用 BBS 服务的用户，必须首先利用远程登录功能登录到 BBS 服务器上。每台 BBS 服务器都有允许同时登录人数的限制，如果人数已满则必须等待。国内许多大学的 BBS 都是采用这种方式，最著名的就是清华大学的"水木清华"BBS。目前，很多 BBS 站点开始提供 WWW 访问方式，用户只要连接到因特网上，就可以直接用浏览器阅读其他用户的留言，或者是发表自己的意见。

小　结

因特网是一个使用路由器将分布在世界各地的、数以千万计的计算机网络互连起来的国际网。

TCP/IP 协议是因特网中计算机之间通信所必须共同遵循的一种通信协议。

因特网地址能够唯一地确定因特网上每台计算机与每个用户的位置，有 IP 地址与域名两种表现形式。

通过因特网，用户可以实现全球范围的电子邮件、WWW 信息查询与浏览、电子新闻、文件传输、语音与图像通信等功能。

思考与练习

一、填空题

1. 因特网的 3 个基本功能是_____、_____和_____。

2. IP 地址由_____和_____组成。

3. 常用的三类 IP 地址的有效网络号的范围为：A 类_____，B 类_____，C 类_____。

4. B 类子网的子网掩码是_____。

5. 子网掩码是用来判断任意两台计算机的 IP 地址是否属于同一_____的根据。

6. 两台计算机处于同一个_____的，才可以进行直接通信。

7. A 类 IP 地址的标准子网掩码是_____，写成二进制是_____。

8. 已知某主机的 IP 地址为 132.102.101.28，子网掩码为 255.255.255.0，那么该主机所在子网的网络地址是_____。

9. 域名各段之间用圆点（.）分隔，各段自_____至_____级别是越来越高。

二、选择题

1. 如果没有特殊声明，匿名 FTP 服务登录账号为_____。

  A. user   B. anonymous   C. guest   D. 用户的电子邮件地址

2. WWW 服务是以_____协议为基础的。

  A. HTML   B. HTTP   C. URL   D. WWW

3. IP 地址 127.0.0.1 表示_____。

  A. 一个暂时未用的保留地址   B. 一个 B 类 IP 地址

  C. 一个本网络的广播地址   D. 一个表示本机的 IP 地址

4. DNS 域名系统完成的工作是实现域名到_____之间的映射。

  A. 域名地址   B. URL 地址   C. 主页地址   D. IP 地址

5. Outlook 在发送电子邮件是通常采用的是_____协议。

  A. HTTP   B. FTP   C. SMTP   D. POP3

6. 通过因特网传输文件可以使用_____协议。

  A. FTP   B. HTTP   C. HTML   D. SMTP

◆ 实　训

项目一　WWW 浏览器的使用

【实训目的】

1）掌握浏览器的安装、设置、使用方法。

2）掌握通过 WWW 浏览器在因特网中搜索信息的途径。

【实训环境】

1）连接因特网的计算机。

2）IE4.0 以上版本的软件。

【实训内容与步骤】

1）IE 浏览器的安装。

2）建立拨号连接并设置为默认连接（也可以根据实验条件设置局域网，通过代理服务器与因特网连接）。

3）设置默认主页。

4）设置因特网临时文件中"检查所存网页的较新版本"为"每次访问此页时检查"，"使用的磁盘空间"为 200MB。

5）网页在历史记录的保存天数设置为 30 天。

6）禁止部分或全部 Cookie。

7）在"Internet"选项的"高级"标签中设置禁止播放网页中图片、声音、视频、动画等多媒体内容，注意观察对比禁止前后显示网页速度的变化。

8）更改工具栏的外观。

9）更改网页的字体和背景色。

10）改变显示网页的语言编码并观察结果。

11）在浏览过程中遇到喜欢的网页或网站时，将网址添加到收藏夹中，注意建立子收藏夹，将不同类型网址保存到不同子收藏夹中。

12）在浏览过程中遇到喜欢的网页时，将该网页以文件形式保存到计算机中，分别以"网页，全部"、"Web 档案，单一文件"和"网页，仅 HTML"形式保存，注意观察保存的文件夹中有何不同。

13）单独保存网页中的图片和链接对象网页（提示：右击所选对象后将出现快捷菜单，利用相应菜单项操作）。

14）将网页中的部分文本复制到 Word 文档中。

15）在搜索引擎中搜索关键词"计算机网络基础"并观察结果，思考如何缩小搜索的范围，提高搜索准确度，实际验证思考结果。

项目二　电子邮箱的设置与使用

【实训目的】

1）掌握电子邮件常用设置方法。

2）掌握电子邮件撰写、发送、接收等方法。

【实训环境】

1）连接因特网计算机或具有电子邮件服务器的局域网。

2）Outlook Express 4.0 以上版本。

3）具有因特网中有效的电子邮箱或在局域网的电子邮件服务器上已建立了用户电子邮箱。

【实训内容与步骤】

1）设置用户账户。

2）撰写和发送邮件，发送给自己的邮箱。要求在邮件中插入 Word 文件作为附件、设置签名、抄送给多个邮件地址。

3）接收刚才自己发送的电子邮件，保存邮件中的内容到 Word 文档中，附件另存到其他文件夹中。

4）回复和转发邮件。

项目三　FTP 软件的使用

【实训目的】

掌握 FTP 客户端软件的安装、设置及使用方法。

【实训环境】

1）具有 FTP 服务器的局域网或连接因特网的计算机。

2）Windows 98 或更高版本的操作系统，CuteFTP 3.0 以上版本。

【实训内容与步骤】

1. 按默认步骤安装 CuteFTP

（略。）

2. 设置 CuteFTP 部分参数

1）在"站点管理器"中设置 FTP 服务器站点地址，可以设置为局域网中的 FTP 服务器，如能连接因特网也可以设置为因特网中的 FTP 站点地址，主要进行添加、编辑、删除站点 3 种操作。

2）在"设置"窗口中进行设置。连接重试次数设为 1000，重试延时为 0，默认传输类型为"自动检测"，设置本地机上默认下载目录为"D：\下载"。

3. 文件传输

1）使用"站点管理器"，选择站点名称连接 FTP 服务器。

2）使用"快速工具栏"进行快速连接，在"快速工具栏"中输入"主机"（即 FTP 服务器）地址、用户名、密码、端口号（通常 FTP 是 21），单击"连接"按钮。

3）向服务器上传单个文件、批量上传多个文件。

4）从服务器下载单个文件、批量下载多个文件。

5）终止连接、重新连接操作。

第 8 章

网络安全与维护

本章学习目标 ☞
- 掌握网络安全的定义、网络的安全机制。
- 掌握计算机病毒知识与防护方法。
- 掌握防火墙的知识和使用方法，了解防火墙的发展方向。
- 了解网络安全面临的威胁及产生威胁的原因。
- 了解黑客攻击的目的和手段，掌握防范黑客的措施。

本章要点内容 ☞
- 网络安全的定义和面临的威胁。
- 病毒的定义、分类、特点及防治。
- 黑客的概念、攻击目的和防范措施。
- 防火墙的概念和功能特点。

本章学前要求 ☞
- 掌握计算机网络的基本知识，了解常用的协议与服务。
- 掌握因特网基本知识。

8.1 网络安全概述

网络安全从本质上来讲就是网络上的信息安全，它涉及的领域相当广泛，这是因为在目前的公用通信网络中存在着各种各样的安全漏洞。从广义来说，凡是涉及到网络上的信息的保密性、完整性、可用性、真实性和可控性的相关技术和理论，都是网络安全所要研究的领域。

8.1.1 网络安全简介

网络安全的一个通用定义：网络安全是指网络系统的硬件、软件及其系统中的数据受到保护，不因为偶然的或者恶意的原因而遭到破坏、更改、泄露，影响系统连续、可靠、正常地运行，网络服务不中断。

网络安全应具备四个特征。保密性，信息不泄露给非授权的用户、实体或过程，或供其利用的特性；完整性，数据未经授权不能改变的特性，即信息在存储或传输过程中保持不被修改、不被破坏和丢失的特性；可用性，可被授权实体访问并按需求使用的特性，即当需要时应能存取所需的信息，网络环境下拒绝服务、破坏网络和有关系统的正常运行等都属于对可用性的攻击；可控性，对信息的传播及内容具有控制能力。

解决网络安全问题的关键技术有主机安全技术、身份认证技术、访问控制技术、密码技术、防火墙技术、病毒防治技术、安全审计技术和安全管理技术。

要解决网络安全的问题必须制定好网络的安全策略，策略主要考虑网络用户的安全责任、系统管理员的安全责任、正确利用网络资源和检测到安全问题时的对策四个方面。

网络用户的安全责任：要求用户每隔一段时间改变其口令；使用符合一定准则的口令；执行某些检查，以了解其账户是否被别人访问过等。重要的是，凡是要求用户做到的，都应明确地定义。

系统管理员的安全责任：该策略可以要求在每台主机上使用专门的安全措施、登录标题报文、监测和记录过程等，还可列出在连接网络的所有主机中不能运行的应用程序。

正确利用网络资源，规定谁可以使用网络资源，他们可以做什么，不应该做什么等。如果用户的单位认为电子邮件和计算机活动的历史记录都应受到安全监视，就应该非常明确地告诉用户，这是其政策。

检测到安全问题时的对策：当检测到安全问题时应该做什么，应该通知谁，这些都是在紧急的情况下容易忽视的事情。

8.1.2 网络安全面临的威胁及原因

网络安全威胁是指对网络信息的一种潜在的侵害，威胁的实施称为攻击。网络安全面临的威胁主要表现为三类，信息泄露、拒绝服务和信息破坏。其中，信息泄露、信息破坏也可能造成系统拒绝服务。

信息泄露：指敏感数据在有意或无意中被泄露出去或丢失。通常包括信息在传播中丢失或泄露；信息在存储介质中丢失或泄露；通过建立隐蔽通道窃取敏感信息等。

拒绝服务：它不断对网络服务系统进行干扰，改变其正常的作业流程，执行无关程序使系统响应减慢甚至瘫痪，影响正常用户的使用，甚至使合法用户不能进入计算机网络系统或不能得到相应的服务。

影响、危害计算机网络安全的因素分为自然和人为两类。自然因素包括各种自然灾害，如水、火、雷、电、风暴、烟尘、虫害、鼠害、海啸和地震等；系统的环境和场地条件，如温度、湿度、电源、地线和其他防护设施不良造成的威胁；电磁辐射和电磁干扰的威胁；硬件设备老化，可靠性下降的威胁。

人为因素又有无意和故意之分。无意事件包括操作失误、意外损失、编程缺陷、意外丢失、管理不善、无意破坏。人为故意的破坏包括敌对势力蓄意攻击、各种计算机犯罪。

攻击是一种故意性威胁，故意性威胁是指对计算机网络的有意图、有目的的威胁，包括从使用监视工具进行随意地检测到使用特别的系统知识进行精心的破坏。人为的恶意攻击是计算机网络所面临的最大威胁，对手的攻击和计算机犯罪就属于这一类。此类攻击又可以分为以下两种：一种是主动攻击，它以各种方式有选择地破坏信息的有效性和完整性；另一种是被动攻击，它是在不影响网络正常工作的情况下，进行截获、窃取、破译以获得重要机密信息。这两种攻击均可对计算机网络造成极大的危害，并导致机密数据的泄露。由于网络软件不可能是百分之百的无缺陷和无漏洞的，这些漏洞和缺陷恰恰成了攻击者进行攻击的首选目标。

8.1.3　安全机制

为了实现网络的安全，我们可以采用下面一些安全机制。

1．交换鉴别机制

交换鉴别是以交换信息的方式来确认实体身份的机制。用于交换鉴别的技术有口令（由发方实体提供，收发实体检测）、密码技术（将交换的数据加密，只有合法用户才能解密，得出有意义的明文）。在许多情况下，与其他技术一起使用，如时间标记和同步时钟；双方或三方"握手"；数字签名和公证机构。将来可能利用用户的实体特征或所有权——指纹识别和身份卡等进行交换鉴别。

2．访问控制机制

访问控制是按事先确定的规则决定主体对客体的访问是否合法。如一个主体试图非法使用一个未经授权使用的客体时，该机制将拒绝这一企图，并附带向审计跟踪系统报告这一事件。审计跟踪系统将产生报警信号或形成部分追踪审计信息。

3．加密机制

加密是提供数据保密的最常用方法。用加密的方法与其他技术相结合，可以提供数据的保密性和完整性。除了会话层不提供加密保护外，加密可在其他各层上进行。与加密机制伴随而来的是密钥管理机制。

4．业务流量填充机制

这种机制主要是对抗非法者在线路上监听数据并对其进行流量和流向分析。一般方法是在保密装置无信息传输时，连续发出随机序列，使得非法者不知哪些是有用信息、哪些是无用信息。

5．数据完整性机制

保证数据完整性的一般方法是：发送实体在一个数据单元上加一个标记，这个标记是数据本身的函数，它本身是经过加密的。接收实体是一个对应的标记，并将所产生的标记与接收的标记相比较，以确定在传输进程中数据是否被修改过。

6．数字签名机制

数字签名是解决网络通信中特有的安全问题的有效方法。特别是针对当通信双方发生争执时可能产生的一些安全问题。

- 否认——发送者事后不承认自己发送过接收者提交的文件。

- 伪造——接收者伪造一份文件，声称它来自发送者。
- 冒充——在网上的某个人冒充某一个用户身份接收或发送信息。
- 篡改——接收者对收到的信息进行部分篡改，破坏原意。

7. 路由控制机制

在一个大型网络中，自源节点到目的节点可能有多条线路，路由控制机制可使信息发送者选择安全的路由，以保证数据安全。

8. 公证机制

在一个大型网络中，使用这个网络的所有用户并不都是诚实可信的，同时也可能由于系统故障等原因使传输中的信息丢失、迟到等，这很可能引起谁承担责任的问题。解决这个问题，就需要有一个各方都信任的实体——公证机构，提供公证服务、仲裁出现的问题，一旦引入公证机制，通信双方进行数据通信时必须经过这个机构来转换，以确保公证机构能得到必要的信息，供以后仲裁。

8.2　计算机病毒及黑客入侵

一般说来，计算机网络系统的安全威胁主要来自病毒和黑客攻击。计算机病毒给人们带来无穷的烦恼。早期的病毒通过软盘相互传染，随着网络时代的到来，病毒通过电子邮件等方式大面积传播，严重威胁着网络和计算机的安全。尤其是新型的集黑客技术、特洛伊木马技术和蠕虫技术三者一体的计算机病毒更是防不胜防。而现代黑客从以系统为主的攻击转变为以网络为主的攻击，这些攻击可能造成网络的瘫痪和巨大的经济损失。

8.2.1　计算机病毒的特性和分类

1. 计算机病毒特点

目前发现的计算机病毒有以下特点。

1）灵活性：病毒程序都是一些可直接运行或间接运行的程序，小巧灵活，一般只有几千字节，可以隐藏在可执行程序或数据文件中，不易被人发现。

2）传播性：病毒的基本特征。病毒一旦侵入系统，它会搜寻其他符合其传染条件的程序或存储介质，确定目标后再将自身代码插入其中，达到自我繁殖的目的。只要一台计算机感染，如不及时处理，那么病毒会在这台机器上迅速扩散，其中的大量文件（一般是可执行文件）会被感染。而被感染的文件又成了新的传染源，再与其他机器进行数据交换或通过网络接触会继续传播。

3）隐蔽性：病毒一般是编写巧妙、短小精悍的程序。通常附在正常程序中或磁盘较隐蔽的地方，也有个别的以隐含文件形式出现。目的是不让用户发现它的存在。系统被感染病毒后，一般情况下用户是感觉不到它的存在的，只有在其发作出现不正常反应时用户才知道。

4）潜伏性：具有依附于其他媒体寄生的能力。一个编制巧妙的病毒程序，可以在几周或几个月内进行传播和再生而不被发觉，它可长期隐藏在系统中，只有在满足其特定条件时才启动其破坏模块。只有这样，它才能进行广泛的传播。如"PETER-2"病毒在每年 2 月 27 日会提 3 个问题，答错后会将硬盘加密。著名的"黑色星期五"病毒在逢 13 号的星期五发作。

5）破坏性：任何病毒只要侵入系统，都会对系统及应用程序产生程度不同的影响。轻者会降低计算机工作效率，占用系统资源，重者可导致系统崩溃。

2. 计算机病毒的类型

据统计，目前全球的计算机病毒超过了 180 000 种，按照基本类型划分，可归纳为以下 4 种类型。

1）引导型病毒：主要是感染软盘、硬盘的引导扇区或主引导扇区，在用户对软盘、硬盘进行读写操作时进行感染活动。我国流行的引导型病毒有 Anti-CMOS、GENP/GENB、Stone、Torch、Monkey 等。

2）可执行文件病毒：它主要是感染可执行文件。被感染的可执行文件在执行的同时，病毒被加载并向其他正常的可执行文件传染。像我国流行的 Die_Hard、DIRⅡ等病毒都属此列。

3）宏病毒：它是利用宏语言编制的病毒。宏病毒仅向 WORD、EXCEL、ACCESS、POWER POINT 和 PROJECT 等办公自动化程序编制的文档进行传染，而不会传染给可执行文件。由于这些办公处理程序在全球存在着广泛的用户，大家频繁使用这些程序编制文档、电子表格和数据库，并通过软盘、因特网进行交换，所以，宏病毒的传播十分迅速并非常广泛。国内流行的宏病毒有 TaiWan1、Concept、Simple2、ethan、7 月杀手等。我们所说的蠕虫病毒也属于宏病毒范围。

4）混合型病毒：顾名思义，是以上几种病毒的混合。混合型病毒的目的是为了综合利用以上 3 种病毒的传染渠道进行破坏。

8.2.2 网络病毒的识别及防治

1. 网络病毒的识别

一般认为，网络病毒具有病毒的一些共性，如传播性、隐藏性、破坏性等，同时具有自己的一些特征，如不利用文件寄生（有的只存在于内存中），对网络造成拒绝服务，以及与黑客技术相结合等。在产生的破坏性上，网络病毒都不是普通病毒所能比拟的，网络的发展使得病毒可以在短短的时间内蔓延整个网络，造成网络瘫痪。

网络病毒大致可以分为两类：一类是面向企业用户和局域网的，这种病毒利用系统漏洞，主动进行攻击，可能造成使整个因特网瘫痪的后果，以"红色代码"、"尼姆达"以及"sql 蠕虫王"为代表。另外一类是针对个人用户的，通过网络（主要是以电子邮件、恶意网页的形式）迅速传播的蠕虫病毒，以爱虫病毒、求职信病毒为代表。在这两类病毒中，第一类具有很大的主动攻击性，而且爆发也有一定的突然性，但相对来说，查杀这种病毒并不是很难。第二类病毒的传播方式比较复杂和多样，少数利用了微软的应用程序漏洞，更多的是利用社会工程学（如利用人际关系、虚假信息或单位管理的漏洞等）对用户进行欺骗和诱惑，这样的病毒造成的损失是非常大的，同时也是很难根除的。

网络病毒具有病毒的共同特征，但是，它与一般的病毒有很大的差别。一般的病毒是需要寄生的，它可以通过自己指令的执行，将自己的指令代码写到其他程序的体内，而被感染的文件就被称为"宿主"，例如，Windows 下可执行文件的格式为 PE 格式，当需要感染 PE 文件时，将病毒代码写入宿主程序中或修改程序入口点等。这样，宿主程序执行的时候，就可以先执行病毒程序，病毒程序运行完之后，再把控制权交给宿主原来的程序指令。可见，一般病毒主要是感染文件，当然也还有像"DIR Ⅱ"这种链接型病毒，还有引导区病毒。引导区病毒是感染磁盘的引导区，如果是软盘被感染，这张软盘用在其他机器上后，同样也会感染其他机器，所以传播方式也是用软盘等方式。网络病毒在采取利用 PE 格式插入文件的方法的同时，还复制自身并在因特网环境下进行传播，病毒的传染能力主要是针对计算机内的系统文件而言，如蠕虫病毒的传染目标是因特网内的所有计算机、局域网条件下的共享文件夹。E-mail、网络中的恶意网页、大量存在着漏洞的服务器等都成为蠕虫传播的良好途径。表 8-1 列举了一般病毒与网络病毒的差异。

表 8-1　一般病毒与网络病毒的差异比较

比较对象 ＼ 病毒种类	一般病毒	网络病毒
存在形式	寄存文件	独立程序
传染机制	宿主程序运行	主动攻击
传染目标	本地文件	网络资源

2. 网络病毒的防治措施

相对于单机病毒的防护来说，网络病毒的防范具有更大的难度，网络病毒的防范应与网络管理集成。网络防毒的最大优势在于网络的管理功能，如果没有把管理功能加上，很难完成网络防毒的任务，只有管理与防范相结合，才能保证系统的良好运行。管理功能就是管理全部的网络设备与操作，从集线器、交换机、服务器到计算机，包括软盘中信息的存取、局域网上的信息互通与因特网的接驳等所有病毒能够感染和传播的途径。

在网络环境下，病毒传播扩散快，仅用单机反病毒产品已经难以清除网络病毒，必须有适用于局域网、广域网的全方位反病毒产品。

在选用反病毒软件时，应选择对病毒具有实时监控能力的软件，这类软件可以在第一时间阻止病毒感染，而不是靠事后去杀毒。要养成定期升级防病毒软件的习惯，并且间隔时间不要太长，因为绝大部分反病毒软件的查毒技术都是基于病毒特征码的，即通过对已知病毒提取其特征码，并以此来查杀同种病毒。对于每天都可能出现的新病毒，反病毒软件会不断更新其特征码数据库。

要养成定期扫描文件系统的习惯，对软盘、光盘等移动存储介质，在使用之前应进行查毒。对于从网上下载的文件和电子邮件附件中的文件，在打开之前也要先杀毒。另外，由于防病毒软件总是滞后于病毒的，它通常不能发现一些新的病毒。因此，不能只依靠防病毒软件来保护系统。在使用计算机时，还应当注意以下几点。

1）不下载或使用来源不明的软件。

2）不轻易上一些不正规的网站。

3）提防电子邮件病毒的传播。一些邮件病毒会利用 ActiveX 控件技术，当以 HTML 方式打开邮件时，病毒可能就会被激活。

4）经常关注一些网站、BBS 发布的病毒报告，这样可以在未感染病毒时做到预先防范。

5）及时更新操作系统，为系统漏洞打上补丁。

6）定期备份重要文件、数据。

8.2.3 常用反病毒软件简介

随着世界范围内计算机病毒的大量流行，新的病毒不断出现，各种反病毒软件产品也在不断地推陈出新、更新换代。这些产品的特点表现为技术领先、误报率低、杀毒效果明显、界面友好、良好的升级和售后服务技术支持、与各种软硬件平台兼容性好等方面。目前国内反病毒软件有三大巨头：360 杀毒、金山毒霸、瑞星杀毒软件等。

1. 360 杀毒软件

360 杀毒是永久免费，性能超强的杀毒软件。中国市场占有率第一。360 杀毒采用领先的五引擎：BitDefender 引擎+修复引擎+360 云引擎+360QVM 人工智能引擎+小红伞本地内核，强力杀毒，全面保护用户的电脑安全拥有完善的病毒防护体系，且真正做到彻底免费、无需任何激活码。360 杀毒轻巧快速、查杀能力超强、独有可信程序数据库，防止误杀，依托 360 安全中心的可信程序数据库，实时校验，为用户电脑提供全面保护，现可查杀 660 多万种病毒。最新版本特有全面防御 U 盘病毒功能，彻底剿灭各种借助 U 盘传播的病毒，第一时间阻止病毒从 U 盘运行，切断病毒传播链。360 杀毒有优化的系统设计，对系统运行速度的影响极小，独有的"游戏模式"还会在用户玩游戏时自动采用免打扰方式运行，让用户拥有更流畅的游戏乐趣。360 杀毒和 360 安全卫士配合使用，是安全上网的"黄金组合"。

2. 金山毒霸杀毒软件

金山公司推出的电脑安全产品，监控、杀毒全面、可靠，占用系统资源较少。其软件的组合版功能强大（金山毒霸、金山网盾、金山卫士），集杀毒、监控、防木马、防漏洞为一体，是一款具有市场竞争力的杀毒软件。金山毒霸 2011 极速轻巧，安装包不到 20MB，内存占用只有 19MB，是世界首款应用"可信云查杀"的杀毒软件，颠覆了金山毒霸 20 年传统技术，全面超于主动防御及初级云安全等传统方法，采用本地正常文件白名单快速匹配技术，配合金山可信云端体系，提高了安全性、检出率与速度。

3. 瑞星杀毒软件

瑞星杀毒软件杀毒能力是十分强大的，但同时占用系统资源较大，瑞星采用目前全国顶尖的第八代杀毒引擎，能够快速、彻底查杀大小各种病毒。但是瑞星的网络监控存在缺陷，最好搭配瑞星防火墙使用，弥补缺陷。瑞星杀毒软件拥有后台查杀、断点续杀、异步杀毒处理、空闲时段查杀、嵌入式查杀、开机查杀等功能；并有木马入侵拦截和木马行为防御，基于病毒行为的防护，可以阻止未知病毒的破坏。还可以对电脑进行体检，帮助用户发现安全隐患。并有工作模式的选择，家庭模式为用户自动处理安全问题，专业模式下用户拥有对安全事件的处理权。缺点是卸载后注册表残留一些信息。

8.2.4　黑客的概念及特征

黑客来自英文"hacker"，原义是指用斧头做家具的人，意思是指某人手艺高超，不需要太好的工具，只用斧头就能做出很好的东西。为了方便理解，我们可以把黑客定义为那些利用计算机某种技术或其他手段，善意或恶意地进入其非授权范围以内的计算机或网络空间的人。

目前，黑客的特征主要表现在以下几个方面。

1. 黑客群体扩大化

越来越多的人尤其是年轻人热衷于黑客技术，由于计算机和网络技术的普及，一大批没有受过系统计算机和网络技术教育的黑客人才涌现出来。黑客群体中的绝大多数人是由好奇心驱使的，这类黑客掌握较少的技术，使用现成的工具，攻击不设防的系统。还有少部分的黑客自己编写工具进行攻击，这部分黑客掌握着较好的技术，能够进入有所防备的系统，但是在一般情况下，他们有自己的道德观念和伦理文化，基本上不会有意破坏他人的系统和数据。第三部分特指极少数的被称为间谍的人，这类黑客是执着的进攻者，他们或因经济利益的关系，或因政治的原因，利用所掌握的技术或工具干扰被攻击系统的正常工作或获取机密信息。

2. 黑客的组织化和集团化

目前，以个人行为为主的黑客越来越少，取而代之的是大批黑客组织。黑客组织化和集团化的优势是利用成员各自的不同特长进行合作攻击，从而提高攻击的成功率。

3. 黑客行为的商业化

大多数黑客把技术当作是谋生的手段。这些人一般在与网络技术相关的公司工作，依靠自己高超的计算机和网络技术来设计、研制和管理安全产品。

4. 黑客行为的政治化

由于网络在人们的生产生活，尤其是国家军事安全中占有越来越重要的地位，致使网络完全可能会直接影响到国家安全。因此，各国政府都在准备迎接未来信息战争的挑战。相当多的黑客被政府部门雇用，从事国家网络安全与攻击的研究。

8.2.5　常见的黑客攻击方法

黑客的攻击手段多种多样，对常见攻击方法的了解，将有助于用户达到有效防黑的目的。常见的攻击方法如下。

1. Web 欺骗技术

欺骗是一种主动攻击技术，它能破坏两台计算机间通信链路上的正常数据流，并可能向通信链路上插入数据。一般情况下，Web 欺骗使用两种技术，即 URL 地址重写技术和相关信息掩盖技术。首先黑客建立一个使人相信的 Web 站点的拷贝，它具有所有的页面和链接，然后利用 URL 地址重写技术，将自己的 Web 地址加在所有真实 URL 地址的前面。这样，当用户与站点进行数据通信时，就会毫无防备地进入黑客的服务器，用户的所有信息便处于黑客的监视之中了。但由于浏览器一般均有地址栏和状态栏，用户可以在地址栏和状态栏中获得连接中的 Web 站点地址及其相关的传输信息，并由此可以发现问题，所以黑客往往在 URL 地址重写的同时，还会利用相关信息掩盖技术，以达到掩盖欺骗的目的。

2. 放置特洛伊木马程序

特洛伊木马的攻击手段就是将一些"后门"、"特殊通道"隐藏在某个软件里，使用该软件的计算机系统成为被攻击和控制的对象。特洛伊木马程序可以直接侵入用户的计算机并进行破坏，它常被伪装成工具程序或者游戏等，诱使用户打开带有特洛伊木马程序的邮件附件或从网上直接下载。一旦用户打开了这些邮件的附件或者执行了这些程序之后，它们就会留在用户的计算机中，并在系统中隐藏一个可以在 Windows 启动时悄悄执行的程序。当用户连接到因特网上时，这个程序就会通知黑客，报告用户的 IP 地址以及预先设定的端口。黑客在看到这些信息后，再利用这个潜伏在其中的程序，就可以任意地修改用户计算机的参数、复制文件、窥视用户整个硬盘中的内容等，从而达到控制用户计算机的目的。

3. 口令攻击

口令攻击是指先得到目标主机上某个合法用户的账号后，再对合法用户口令进行破译，然后使用合法用户的账号和破译的口令登录到目标主机，对目标主机实施攻击活动。

通过口令攻击获得用户账号的方法很多，主要是对口令的破译，常用的方法有以下几种。

（1）暴力破解

暴力破解基本上是一种被动攻击的方式。黑客在知道用户的账号后，利用一些专门的软件强行破解用户口令，这种方法不受网段限制，但需要有足够的耐心和时间。这些工具软件可以自动地从黑客字典中取出一个单词，作为用户的口令输入给远端的主机，申请进入系统。若口令错误，就按序取出下一个单词，进行下一次尝试，直到找到正确的口令或黑客字典的单词试完为止。由于这种破译过程是由计算机程序自动完成，因而几个小时内就可以把几十万条记录的字典里所有单词都尝试一遍。

（2）密码控测

大多数情况下，操作系统保存和传送的密码都要经过一个加密处理的过程，完全看不出原始密码的模样，而且理论上要逆向还原密码的几率几乎为零。但黑客可以利用密码探测的工具，反复模拟编码过程，并将编出的密码与加密后的密码相比较，如果两者相同，就表示得到了正确的密码。

（3）网络监听

黑客可以通过网络监听得到用户口令，这类方法有一定的局限性，但危害性极大。由于很多网络协议根本就没有采用任何加密或身份认证技术，如 Telnet、FTP、HTTP、SMTP 等传输协议中，用户账号和密码信息都是以明文格式传输的，此时，若黑客利用数据包截取工具便可很容易地收集到用户的账号和密码。另外，黑客有时还会利用软件和硬件工具时刻监视系统主机的工作，等待记录用户登录信息，从而取得用户密码。

（4）登录界面攻击法

黑客可以在被攻击的主机上，利用程序伪造一个登录界面，以骗取用户的账号和密码。当用户在这个伪造的界面上键入登录信息后，程序可将用户的输入信息记录传送到黑客的主机，然后关闭界面，给出提示信息"系统故障"或"输入错误"，要求用户重新输入。此时，假的登录程序自动结束，才会出现真正的登录界面。

4. 电子邮件攻击

电子邮件是因特网上运用的十分广泛的一种通信方式，但同时它也面临着巨大的安全风险。攻击者可以使用一些邮件炸弹软件向目标邮箱发送大量内容重复、无用的垃圾邮件，从而使目标邮箱被撑爆而无法使用。当垃圾邮件的发送流量特别大时，还可以造成邮件系统的瘫痪。另外，对于电子邮件的攻击还包括窃取、篡改邮件数据，伪造邮件，利用邮件传播计算机病毒等。

5. 网络监听

网络监听是主机的一种工作模式，在这种模式下，主机可以接收到本网段在同一物理通道上传输的所有信息，而不管这些信息的发送方和接收方是谁。网络监听可以在网上的任何一个位置进行，如局域网中的一台主机、网关、路由设备或交换设备上，或远程网的调制解调器之间等。因为系统在进行密码校验时，用户输入的密码需要从用户端传送到服务器端，这时，黑客就能在两端之间进行数据监听。此时若两台主机进行通信的信息没有加密，只要使用某些网络监听工具，就可轻而易举地截取包括口令和账号在内的信息资料。虽然网络监听获得的用户账号和口令具有一定的局限性，但黑客往往能够获得其所在网段的所有用户账号及口令。

6. 端口扫描攻击

所谓端口扫描，就是利用 Socket 编程与目标主机的某些端口建立 TCP 连接、进行传输协议的验证等，从而得知目标主机的扫描端口是否处于激活状态、主机提供了哪些服务、提供的服务中是否含有某些缺陷等。在 TCP/IP 协议中规定，计算机可以有 256×256 个端口，通过这些端口进行数据的传输。黑客一般会发送特洛伊木马程序，当用户不小心运行该程序后，计算机内的某一端口就会打开，黑客就可通过这一端口进入用户的计算机系统。

7. 缓冲区溢出

许多系统都有这样那样的安全漏洞，其中一些是操作系统或应用软件本身具有的，如缓冲区溢出攻击。缓冲区溢出是一个非常普遍、非常危险的漏洞，在各种操作系统、应用软件中广泛存在。产生缓冲区溢出的根本原因在于，将一个超过缓冲区长度的字串复制到缓冲区。溢出带来了两种后果，一是过长的字符串覆盖了相邻的存储单元，引起程序运行失败，严重的可引起死机、系统重新启动等后果；二是利用这种漏洞可以执行任意指令，甚至可以取得系统特权。针对这些漏洞，黑客可以在长字符串中嵌入一段代码，并将过程的返回地址覆盖为这段代码的地址。当过程返回时，程序就转而开始执行这段黑客自编的代码了。一般说来，这段代码都是执行一个 Shell 程序。这样，当黑客入侵一个带有缓冲区溢出缺陷且具有 Suid-root 属性的程序时，就会获得一个具有 Root 权限的 Shell，在这个 Shell 中。黑客可以干任何事。恶意的利用缓冲区溢出漏洞进行的攻击可以导致运行失败、系统死机、重启等后果，更为严重的是，可以利用它执行非授权指令，甚至可以取得系统特权，进而进行各种非法操作，取得机器的控制权。

8.2.6　防范黑客的措施

各种黑客的攻击程序虽然功能强大，但并不可怕，只要我们作好相应的防范工作，就可以大大降低被黑客攻击的可能性。具体来说，要做到以下几点。

1. 提高安全意识

不随意打开来历不明的电子邮件及文件，不随便运行不太了解的人送给的程序，防止运行黑客的服务器程序。尽量避免从因特网下载不知名的软件、游戏程序。即使从知名的网站下载的软件也要及时用最新的病毒和木马查杀工具对软件和系统进行扫描。密码设置尽可能使用字母数字混排，单纯的英文或者数字很容易被暴力破解。常用的若干密码不应设置相同，防止被人查出一个，连带到重要密码，密码最好经常更换。要及时下载并安装系统补丁程序。不随便运行黑客程序。

2. 使用防火墙

防火墙是抵御黑客入侵的非常有效的手段。它通过在网络边界上建立起来的相应网络通信监控系统来隔离内部和外部网络，可阻挡外部网络的入侵和攻击。

3. 使用反黑客软件

尽可能经常性地使用多种最新的、能够查解黑客的杀毒软件或可靠的反黑客软件来检查系统。必要时应在系统中安装具有实时检测、拦截、查解黑客攻击程序的工具。

4. 尽量不暴露自己的 IP

保护自己的 IP 地址是很重要的。事实上，即使机器上被安装了木马程序，若没有 IP 地址，攻击者也是没有办法的，而保护 IP 地址的最好方法就是设置代理服务器。代理服务器能起到外部网络申请访问内部网络的中间转接作用，其功能类似于一个数据转发器，它主要控制哪些用户能访问哪些服务类型。

5. 安装杀毒软件

要将防毒、防黑当成日常例行工作，定时更新防毒组件，及时升级病毒库，将防毒软件保持在常驻状态，以彻底防毒。

6. 做好数据的备份

确保重要数据不被破坏的最好办法就是定期或不定期的备份数据，特别重要的数据应该每天备份。

总之，应当认真制定有针对性的策略，明确安全对象，设置强有力的安全保障体系。在系统中层层设防，使每一层都成为一道关卡，从而让攻击者无隙可钻，无计可施。

8.3　因特网防火墙技术

随着因特网在全世界的迅速发展和普及，因特网中出现的信息泄密、数据篡改及服务拒绝等网络安全问题也变得越来越严重。为解决这些问题出现了很多网络安全技术和方法，防火墙技术是其中最为成功的一种。

防火墙技术是建立在现代通信网络技术和信息安全技术基础上的应用性安全技术，越来越多地应用于专用网络与公用网络的互连环境之中，特别是接入因特网网络。

8.3.1　防火墙的概念与功能

1. 防火墙的概念

在古时候，人们常在寓所之间砌起一道砖墙，一旦火灾发生，它能够防止火势蔓延到别的寓所，这种墙因此而得名"防火墙"。如图 8-1 所示，现在，如果一个网络接到了因特网上面，它的用户就可以访问外部世界并与之通信。但同时，外部世界也同样可以访问该网络并与之交互。为安全起见，可以在该网络和因特网之间插入一个中介系统，竖起一道安全屏障。这道屏障的作用是阻断来自外部网络对本网络的威胁和入侵，提供保证本网络的安全和审计的唯一关卡。这种中介系统也叫做"防火墙"或"防火墙系统"。防火墙可以被定义为限制被保护网络与因特网之间，或其他网络之间信息访问的部件或部件集。

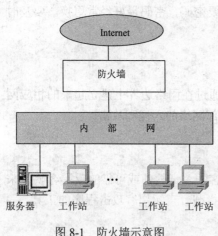

图 8-1　防火墙示意图

2. 防火墙的功能及作用

防火墙实际上是一种保护装置，防止非法入侵，以保护网络数据，在因特网服务中可实现多个目的。

1）限定访问控制点。

2）防止侵入者侵入。

3）限定离开控制点。

4）有效地阻止破坏者对计算机系统进行破坏。

总之，防火墙在因特网中是分离器、限制器、分析器。

8.3.2　防火墙的类型

目前常用的防火墙主要有以下 3 种类型。

1. 包过滤防火墙

包过滤防火墙设置在网络层，可以在路由器上实现包过滤。首先应建立一定数量的信息过滤表，信息过滤表是以其收到的数据包头信息为基础而建成的。信息包头含有数据包 IP 地址、目的 IP 地址、传输协议类型（TCP、UDP、ICMP 等）。协议源端口号、协议目的端口号、连接请求方向、ICMP 报文类型等。当一个数据包满足过滤表中的规则时，则允许数据包通过，否则禁止通过。这种防火墙可以用于禁止外部不合法用户对内部的访问，也可以用来禁止访问某些服务类型。但包过滤技术不能识别有危险的信息包，无法实施对应用级协议的处理，也无法处理 UDP 或动态的协议。

2. 代理防火墙

代理防火墙又称应用层网关级防火墙，它由代理服务器和过滤路由器组成，是目前较流行的一种防火墙。它将过滤路由器和软件代理技术结合在一起。过滤路由器负责网络互连，并对数据进行严格选择，然后将筛选过的数据传送给代理服务器。代理服务器起到外部网络申请访问内部网络的中间转接作用，其功能类似一个数据转发器，它主要控制哪些用户能访问哪些服务类型。当外部网络向内部网络申请某种网络服务时，代理服务器接受申请，然后它根据其服务类型、服务内容、被服务的对象、服务者申请的时间、申请者的域名范围等来决定是否接受此项服务，如果接受，它就向内部网络转发这项请求。

3. 双穴主机防火墙

该防火墙是用主机来执行安全控制功能。一台双穴主机配有多个网卡，分别连接不同的网络。双穴主机从一个网络收集数据，并且有选择地把它发送到另一个网络上。网络服务由双穴主机上的服务代理来提供。内部网和外部网的用户可通过双穴主机的共享数据区传递数据，从而保护内部网络不被非法访问。

8.3.3　防火墙产品的选购策略和选用原则

选用防火墙首先要明确哪些数据是必须保护的，这些数据被侵入会导致什么样的后果，以及网络不同区域需要什么等级的安全级别，因此，首先要根据信息系统安全级别而定。其次是防火墙的功能，选用防火墙必须与网络接口匹配，要防止你所能想到的威胁，防火墙可以是软件或硬件模块，并能集成于网桥、网关、路由器等设备之中。防火墙的选用原则如下。

1. 防火墙自身的安全性

大多数人在选择防火墙时都将注意力放在防火墙如何控制连接以及防火墙支持多

少种服务上，但往往忽略一点，防火墙也是网络上的主机设备，也可能存在安全问题。防火墙如果不能确保自身安全，则防火墙的控制功能再强也终究不能完全保护内部网络。因此，防火墙自身仍应有相当高的安全保护。

2. 应考虑的特殊需求

企业安全策略中往往有些特殊需求，不是每一个防火墙都会提供的，这是选择防火墙需考虑的因素之一，常见的需求有 IP 转换、双重 DNS、虚拟专用网络（VPN）、扫毒功能和特殊控制需求。

3. 防火墙系统的稳定性和可靠性

对一个成熟的产品来说，保障系统的稳定性是最基本的要求。防火墙的稳定性情况可以从以下渠道获得，如国家权威的测评认证机构、对产品的咨询、调查及试用、厂商开发研制的历史及实力等方面。

可靠性对防火墙设备来说尤为重要，直接影响被控网络的可用性。提高可靠性的措施一般是提高本身部件的强健性、增大设计阈值和增加冗余部件。

4. 防火墙的性能

高性能是防火墙的一个重要指标，它直接体现了防火墙的可用性，也体现了用户使用防火墙所需付出的安全代价。如果由于使用防火墙而带来了网络性能较大幅度的下降，就意味着安全代价过高，用户是无法接受的。一般来说，防火墙加载上百条规律后，其性能下降不应超过 5%。

5. 防火墙配置的方便性

在网络入口和出口处安装新的网络设备是比较复杂的，这意味着必须修改几乎所有现有设备的配置，因此，应选用方便配置的、支持透明通信的防火墙。

以上是选购防火墙时需要注意的一些问题，同时要明白，没有一种技术可以百分之百地解决网络上的所有问题。网络安全受到许多因素的影响，只有正确地认识防火墙，合理使用，才是最安全的。

8.3.4　防火墙技术的发展方向

未来的防火墙技术将会向以下几个方面发展。

1. 高速的性能

未来的防火墙将能有效地消除制约传统防火墙的性能瓶颈，现在大多数的防火墙产品都支持 NAT（网络地址转换程序，它将硬件路由器的网络地址转换的功能转化成 Windows 2000 下的一个服务进程）功能。它可以让受防火墙保护一方的 IP 地址不被暴露。但是，启用 NAT 后势必会对防火墙系统的性能产生影响。另外，防火墙系统中集成的 VPN 解决方案必须是真正的线速运行，否则将成为网络通信的瓶颈。在提高防火墙性能方面，状态检测型防火墙比包过滤型防火墙更具优势。可以肯定，基于状态检测的防火墙将具有更大的发展空间。

2. 良好的可扩展性

对于一个好的防火墙系统而言,它的规模和功能应该能够适应网络规模和安全策略的变化。未来的防火墙系统应该是一个可随意伸缩的模块化解决方案,包括从最基本的包过滤器到带加密功能的 VPN 型包过滤器,直至一个独立的应用网关,使用户有充分的余地构建自己所需要的防火墙体系。

3. 与其他网络安全产品的协同互动

防火墙只是一个基础的网络安全设备,它需要与防病毒系统和入侵检测系统等安全产品协同配合,才能从根本上保证系统的安全。所以,未来的防火墙应能够与其他安全产品协同工作。越来越多的防火墙产品将支持 OPSEC,通过这个接口与入侵检测系统协同工作,通过 CVP 与防病毒系统协同工作。

4. 简化的安装与管理

许多防火墙产品并未起到预期作用,其原因在于配置和安装上存在错误。因此,未来的防火墙将具有更易于进行配置的图形用户界面。

总之,未来的防火墙技术会全面考虑网络的安全、操作系统的安全、应用程序的安全和用户数据的安全。此外,网络的防火墙产品还将 Web 页面超高速缓存、VPN 和带宽管理等前沿技术与防火墙自身功能结合起来。

8.3.5　天网防火墙简介

天网防火墙个人版是一款由天网安全实验室制作的给个人计算机使用的网络 安全程序。它根据系统管理者设定的安全规则把守网络,提供强大的访问控制、应用选通、信息过滤等功能。它可以帮你抵挡网络入侵和攻击,防止信息泄露,并可与天网安全实验室的网站(www.sky.net.cn)相配合,根据可疑的攻击信息,找到攻击者。

天网防火墙把网络分为本地网和互联网,可以针对来自不同网络的信息,来设置不同的安全方案。它适合拨号上网的用户,也适合通过网络共享软件上网的用户。天网防火墙可以有效地控制本机与因特网之间的信息交流,阻止和杜绝一些恶性信息对本机的攻击,比如 ICMP flood 攻击、聊天室炸弹、木马信息等。

天网防火墙(个人版)安装方便,使用简单,界面简易清晰,用户只需在天网安全网站或是相关的网站上下载个人版的安装程序,在计算机上直接运行程序即可。该软件为自适应安装,能自动辨认用户的操作系统,安装合适的驱动程序。在 Windows 98 下安装为 98 版,在 Windows 2000 下安装则为 2000 版。

小　　结

计算机网络所面临的威胁包括对网络中信息的威胁和对网络中设备的威胁。人们采用加密、访问控制、数据完整性、数字签名、交换鉴别、公证、流量填充、路由控制等机制来维护网络的安全。

计算机病毒具有传染性、破坏性、潜伏性、不可预知性。按传染方式可分为系统引导病毒、文件型病毒、复用型病毒、复合型病毒、宏病毒等。

黑客攻击的目的主要有窃取信息、获取口令、控制中间站点和获得超级用户 权限。

防火墙的基本准则为过滤不安全服务，过滤非法用户和访问特殊站点。防火墙大致可划分为三类：包过滤防火墙、代理服务防火墙和状态监视器防火器。

思考与练习

一、填空题

1. 计算机网络安全主要是指网络上的_____安全。
2. "防火墙"在网络系统中是一种用来保护_____的部件或部件集。
3. 防火墙的类型主要有_____、_____、_____三类。
4. 计算机病毒按传染方式可分为_____病毒、_____病毒、_____病毒和_____病毒。

二、选择题

1. 计算机网络的安全，主要是指_____安全。
   A. 网络中设备设置环境安全　　　　　B. 网络使用者的安全
   C. 网络可共享资源的安全　　　　　　D. 网络的财产安全
2. 按传染方式分，CIH 病毒属于_____。
   A. 文件型病毒　　B. 系统引导病毒　　C. 复合型病毒　　D. 宏病毒
3. 网络系统中风险最大的要素是_____。
   A. 计算机　　　　B. 程序　　　　　　C. 数据　　　　　D. 系统管理员
4. 对网络安全影响不大的因素是_____。
   A. 环境　　　　　B. 资源共享　　　　C. 计算机病毒　　D. 网络资源丰富
5. 网络防火墙的作用是_____。
   A. 防止内部信息外泄
   B. 防止系统感染病毒与非法访问
   C. 防止黑客访问
   D. 建立内部信息的功能与外部信息的功能之间的屏障
6. 防火墙采用的最简单的技术是_____。
   A. 安装保护卡　　B. 隔离　　　　　　C. 包过滤　　　　D. 设置进入密码
7. 网络系统不安全的特点是_____。
   A. 保持各种数据的保密
   B. 保证访问者的一切访问和接受各种服务
   C. 保持所有信息、数据及系统中各种程序的完整性和准确性
   D. 保证各方面的工作符合法律、规则、许可证、合同等标准

三、简答题

1. 网络安全面临的威胁有哪些？引起网络出现安全问题的原因又有哪些？
2. 数字签名机制可解决哪些安全问题？
3. 黑客主要的攻击方式有哪些？
4. 什么是防火墙？防火墙是如何分类的？

◆ 实　　训 _____

项目　反病毒软件的使用

【实训目的】

1）通过实验，了解有关病毒和反病毒的一般知识。

2）熟悉并掌握金山毒霸的使用，并安装金山卫士配合金山毒霸共同使用。

3）学会使用 360 杀毒软件，并安装 360 安全卫士。

【实训环境】

1）金山毒霸 2012（猎豹）+金山卫士

2）360 杀毒+360 安全卫士

【实训内容与步骤】

1. 金山毒霸 2012（猎豹）的使用

1）安装金山毒霸 2012（猎豹）和金山卫士。

2）运行参数的设置。

3）在线升级。

4）杀毒并查看病毒报告。

5）金山卫士的使用

6）卸载。

具体方法参照金山毒霸的帮助文件。

2. 360 杀毒软件的使用

1）安装 360 杀毒和 360 安全卫士。

2）运行参数的设置。

3）在线升级。

4）杀毒并查看病毒报告。

5）360 安全卫士的使用。

6）360 安全桌面的使用。

7）卸载。

具体方法参照 360 杀毒的帮助文件。

参 考 文 献

安淑芝，等. 2002. 操作系统原理与应用 Windows 2000[M]. 北京：北京希望电子出版社.

安淑芝，等. 2005. 计算机网络[M]. 2 版. 北京：中国铁道出版社.

蔡开裕，等. 2002. 计算机网络[M]. 北京：机械工业出版社.

冯博琴，等. 2004. 计算机网络[M]. 北京：高等教育出版社.

何莉，等. 2002. 计算机网络概论[M]. 2 版. 北京：高等教育出版社.

胡道元. 1998. 信息网络系统集成技术[M]. 北京：清华大学出版社.

刘钢，等. 2004. 计算机网络与实训[M]. 北京：高等教育出版社.

李增智. 2003. 计算机网络原理[M]. 西安：西安交通大学出版社.

聂瑞华. 2001. 因特网与远程教育[M]. 北京：高等教育出版社.

沈大林，等. 2004. 计算机网络基础案例教程[M]. 北京：中国铁道出版社.

施晓秋. 2006. 计算机网络技术[M]. 北京：科学出版社.

吴功宜. 2001. 计算机网络应用基础[M]. 天津：南开大学出版社.

姚茂新，等. 2004. 计算机网络及应用[M]. 北京：电子工业出版社.

尹晓勇. 2001. 计算机网络基础[M]. 3 版. 北京：电子工业出版社.

张公忠. 2002. 现代网络技术教程[M]. 北京：电子工业出版社.

张基温. 2002. 计算机网络实训教程[M]. 北京：人民邮电出版社.

张晓婷，等. 2003. 计算机网络基础[M]. 北京：人民邮电出版社.